CARVING
식품조각지도사

머리말

　식품조각(Food Carving)은 과일·채소류 등을 이용하여 다양한 모양으로 아름답게 조각하여 예술적으로 가치를 높이고 식공간을 풍성하게 해 주는 하나의 수단입니다. 중국과 동남아시아에서 그 중요성이 매우 높으며, 일본과 우리나라에서도 많은 발전을 거듭하여 왔습니다. 최근에는 다양한 아이디어가 더해져 기발한 형태의 다양한 작품들을 만날 수 있습니다. 그러나 이러한 다양한 형태를 표현하기 위해서는 기초적인 이론과 함께 끊임없는 노력이 수반되어야 합니다.

　본 저자는 특급호텔 요리사로서 요리를 시작하였고 특수 조리기술이라 할 수 있는 식품조각에 관한 서적을 2008년 2월「전문조리인을 위한 과일·야채조각 105가지」라는 제목으로 출간하였습니다. 당시 직장을 다니면서 전문서적을 출간하기란 여간 어려운 일이 아니었습니다. 그 당시 만들어진 서적은 많은 전문 조리인을 꿈꾸는 이들에게 인기 있는 도서가 되었지만 이론적인 부분의 부족한 점과 사진촬영, 여러 가지 사용 도구들의 미흡한 점은 꼭 한번 다시 정리하고 싶었고 아울러 난이도 또한 다양하게 구성하고 싶었습니다.

　2014년「식품조각지도사」라는 제목으로 만나게 될 이 책은 초보자부터 식품조각에 대한 기초적인 이론을 겸비한 이들에게 자신의 실력을 한층 더 업그레이드할 수 있는 좋은 지침서가 될 것으로 확신합니다. 또한 과일과 채소로 동물조각을 할 때 필요한 기법들을 다양한 방법들로 드로잉해 봄으로써 실전에서 더욱 정밀하게 조각하는 기술을 손쉽게 익힐 수 있게 하였습니다. 그리고 초급부터 고급까지 1단계, 2단계, 3단계로 나누어 학습할 수 있게 하였으며 이 단계들을 분류하여 익힌 과정을 평가하여 자격을 부여할 수 있도록 마스터, 1급, 2급으로 자격의 등급을 나누었습니다. 배우는 이들이 자신의 능력정도를 가늠해 볼 수 있으며, '식품조각지도사' 로서 자신이 익힌 기술을 다양한 분야에서 활용하고 전수할 때도 자부심을 가질 수 있도록 자격증화하였습니다.

'자신을 믿고 느긋하게 쉬지 말고 움직여라!'

저자가 배움을 시작할 때 늘 가슴에 새긴 좌우명입니다. 첫 번째로 나는 할 수 있는 사람이라고 자신을 믿고 여유를 가지면서 목표를 향해 쉬지 않고 나아간다면 세상에 못할 일은 없다고 생각합니다. 식품조각을 배우고 활용하길 원하는 모든 사람들이 마음에 새기고 도전해 보십시오. 반드시 당신도 얼마 후 훌륭한 '식품조각지도사'가 되어 있을 겁니다.

끝으로 자격증의 체계를 잡을 수 있게 도와주신 세계식의연구소 소장 황수정 교수님과 연구소 제자들에게 감사한 마음을 전하고, 식품조각에 대해 조언해 주신 김규민 셰프님, 교재가 나오기 전에도 수강해 주신 열정적인 수강생들, 조각칼을 만들기 위해 중국까지 가셔서 수고해 주신 한국조리개발원 사장님, 도서출판 효일의 김홍용 대표님과 편집진 여러분께도 고개 숙여 감사한 마음을 전합니다.

저자 정우석

발간사

　시대가 변하고 사회의 생활양식이 바뀌면서 우리는 많은 스트레스와 많은 강박 관념을 갖고 살아가고 있습니다. 점점 정신적으로 여유를 갖지 못하고 더욱 더 많은 요구사항을 강요받고 있는 것이 지금의 현실입니다. 우리는 신체적 건강과 정신적 건강을 모두 지켜야 하며 빠른 현대생활에 느림의 미학이 필요하게 되었습니다.

　식품조각은 우리 식탁의 식재료로 사용되는 과일·채소류 등을 이용하여 다양한 모양으로 아름답게 조각하여 예술적으로 가치를 높이는 것이라 할 수 있습니다.

　또한 식품조각은 중국에서도 그 중요성이 매우 높으며, 우리나라에서도 많은 발전을 거듭하여 왔으나 현대에는 더 많은 아이디어가 더해져 작품으로서 크게 발전하였고 식품과 조리, 푸드코디네이터 등의 분야에서 식품조각의 필요성이 더욱 커지면서 관심이 증가하고 있습니다. 이처럼 식품조각의 수요가 높은 이유는 조리가 완성된 음식과 어울리는 식품으로 조각하여 음식에 예술성을 더하고 완성도를 높일 수 있기 때문입니다.

　식품조각의 필요성이 커지는 현시점에서 식품조각에 전문성과 예술성을 갖춘 도서가 출판되어 매우 기쁘게 생각합니다. 이 책 속에 수록된 많은 전문적 정보들이 식품조각의 지도자나 전문가가 되고자 하거나, 조리 분야 전공학생이나 조리전문가, 푸드 코디네이션 분야 전문가를 포함한 많은 분들에게 큰 도움이 될 것이라 생각합니다.

아울러 일반인들에게도 식품조각의 아름다움에 관심을 갖는 계기가 되어 식품조각을 통해 느림의 미학을 실천하여 현대생활에서 쌓인 스트레스를 해소하고 현대인들의 정신적 건강에 도움이 되었으면 좋겠습니다. 마지막으로 식품조각지도사 책을 출판하여 식품조각분야를 한 단계 더 발전시켜 주신 정우석 교수님의 노고에 감사드리며, 향후 식품조각을 비롯한 식문화의 꾸준한 발전을 기대합니다.

세계식의연구소(世界食醫硏究所)
소장 황수정

CARVING 식품조각지도사

Part 01
식품조각지도사
이론

Part 02
식품조각지도사
드로잉

1. 식품조각의 개요 • 10
2. 식품조각을 위한 재료 • 13
3. 식품조각 도구 • 26
4. 식품조각 도구 사용법 • 28
5. 식품조각 도구 손질 • 29
6. 식품조각 보관 방법 • 30
7. 식품조각지도사(2급, 1급, 마스터) 자격증 소개 • 30
8. 식품조각지도사 필기, 드로잉 시험 안내 • 32
9. 단계별 실기시험 작품 • 35

1. 1단계

3잎 꽃봉오리 • 40
4잎 꽃봉오리 • 41
5잎 꽃봉오리 • 42
5개 꽃잎 모양 • 43
6개 꽃잎 모양 • 44
8개 꽃잎 모양 • 45
10개 꽃잎 모양 • 46
12개 꽃잎 모양 • 47
16개 꽃잎 모양 • 48
꽃잎 밖 꽃봉오리 • 49
기본 꽃봉오리 • 50
안쪽으로 정렬된 꽃봉오리 • 51
톱니바퀴 모양 꽃봉오리 • 52
줄기 1 • 53
줄기 2 • 54
줄기 3 • 55
꽃잎 응용 1 • 56
꽃잎 응용 2 • 57
꽃잎 응용 3 • 58
꽃잎 응용 4 • 59
날개 편 백조 • 60

2. 2단계

곡예 부리는 강아지 • 61
나비 • 62
독수리 • 63
돌고래 • 64
말 • 65
모이 줍는 학 • 66
플라잉 드래곤 • 67
산양 • 68
상어 • 69
원앙 • 70
잉어 • 71
장닭 • 72
토끼 • 73
호랑이 • 74
황새 • 75

Part 03
식품조각지도사
실기

1. 1단계

수박 꽃봉오리 1 • 78
수박 꽃봉오리 2 • 80
수박 꽃봉오리 3 • 82
수박 꽃봉오리 4 • 84
수박 꽃 조각 1 • 86
단호박 찜그릇 1 • 88
단호박 찜그릇 2 • 90
수박에 동물 · 인물 · 식물 모양
　　새기기 • 92
당근 눈꽃 • 94
당근 대려화 • 96
당근 돌려깎기 꽃 • 98
당근 매화꽃 문양 • 100
당근 사각 꽃 • 102
멜론 주름 꽃 • 104
무 꽃 조각 • 106
무 나비 • 108
무 말이 꽃 • 110
무 절임 백장미 • 112
사과 · 오렌지 원앙 • 114
오이 대나무 • 116
오이 활꽃 • 118
호박 꽃게 • 120
당근 비둘기 • 122

2. 2단계

수박 꽃봉오리 5 • 124
수박 꽃봉오리 6 • 126
수박 꽃 조각 2 • 128
수박 꽃 조각 3 • 130
수박 꽃 조각 4 • 132
수박 꽃 조각 5 • 134
수박 연꽃 1 • 136
수박 연꽃 2 • 138
수박 카빙 1(식품조각지도사) • 140
당근 꽃 1 • 142
당근 꽃 2 • 144
당근 꽃 3 • 146
당근 꽃 4 • 148
당근 꽃 5(백일초) • 150
당근 석탑 • 152
당근 청룡 : 머리 • 154
무 독수리 • 156
무 백마 • 158
무 백조 • 160
무 잉어 • 162
무 학 • 164
오이 곤충 • 166
고구마 하회탈 • 168

3. 3단계

수박 꽃 조각 6 • 170
수박 꽃 조각 7 • 172
수박 꽃 조각 8 • 174
수박 꽃 조각 9 • 176
수박 카빙 2(세계식의연구소) • 178
단호박 얼굴 형상 • 180
당근 청룡:몸통, 지느러미, 다리, 꼬리
　　만들어 완성 • 182
호박 카빙:원앙 2마리 • 184
호박 카빙:봉황 • 186
호박 카빙:나무 위에 앉은 원앙
　　2마리 • 188
호박 카빙:독수리 • 190
호박 카빙:꽃과 봉황 • 192
호박 카빙:글자 새기기와 꽃장식 • 194
당근 봉황 • 196
당근 비룡:머리 • 198
당근 비룡:다리, 지느러미, 꼬리 • 200
당근 비룡:몸통 만들기와 완성 • 202

부록 얼음조각 • 204
참고문헌 • 214

Part 01
식품조각지도사

이론

1. 식품조각의 개요

2. 식품조각을 위한 재료

3. 식품조각 도구

4. 식품조각 도구 사용법

5. 식품조각 도구 손질

6. 식품조각 보관 방법

7. 식품조각지도사(2급, 1급, 마스터) 자격증 소개

8. 식품조각지도사 필기, 드로잉 시험 안내

9. 단계별 실기시험 작품

1. 식품조각의 개요

1) 식품조각의 개념

조각은 3차원의 공간 속에 구체적인 물질로 구현된 입체로서 강하고 견고한 양감(量感 : volume)의 구성체이다. 구체적인 물질을 소재로 하고 도구를 사용하여 3차원적 입체를 만들어낸다는 의미에서 조각은 '조형(plastic)'이란 용어와 밀접한 관련을 맺는다. 조각의 종류는 형식에 따라 완전한 3차원적 형태를 갖추고 있는 환조(丸彫), 회화의 고유한 속성인 평면성과 조각 특유의 입체성이 결합된 부조(浮彫 : relief) 및 모빌(mobile), 오브제(objet), 아상블라주(assemblage) 등으로 나뉜다. 사용하는 재료에 의해서는 목조, 금속조(청동, 철, 스테인리스 스틸, 알루미늄 등), 석조, 도조(陶彫), 테라코타 등으로 분류하며, 기법에 따라 흙이나 밀랍 등의 가소성(可塑性)이 있는 재료로 붙여가면서 형태를 만드는 소조(塑造 : modeling), 나무·돌 등의 단단한 재료를 깎아나가는 조각(彫刻 : carving)으로 분류한다.

조각이란 용어는 라틴어 '스쿨페레(sculpere)'에서 파생된 것으로, 이 말은 정, 톱, 망치, 끌 등의 도구를 사용하여 단단한 재료를 깎거나 쪼는 것을 의미한다. 그러나 오늘날 통용되는 조각과 조각가란 개념은 르네상스 이후에 나타났다. 15세기 말경에 인문주의자인 폴리치아노(A. Poliziano)가 저술한 「판에피스테몬」이란 예술백과사전에서 조각가의 개념을 다섯 가지로 분류하였다. 사용하는 재료에 따라 석조각가(statuarii), 금속조각가(caelatores), 목조각가(sculptores), 점토조각가(fictores), 밀랍조각가(encausti)로 분류한다.

이 다섯 부류의 예술은 서로 다른 재료와 기법을 사용하는 것이기 때문에 각기 다른 것으로 간주하였다. 그러나 16세기에 이르러 이러한 다섯 가지 범주를 포괄하는 통합적인 개념으로 목조각가에 해당하는 용어인 'sculptores'를 조각과 조각가를 지칭하는 용어로 통용하기에 이르렀다.

요리에 사용하는 식재료를 활용한 식품조각은 형태를 오래 보존하기 힘들기 때문에 음식과 함께 전시되며, 특수한 재료와 조각기법으로 인해 위의 다섯 가지 조각의 범주와는 다른 범주에 해당하게 될 것이다.

식품조각은 영어로 'carving'이라고 부르기도 하며 사전적 의미는 '조각', '조각술'이라는 뜻과 '고기 베어내기'라는 뜻도 포함하고 있다. 각종 과일과 채소 등을 이용하여 특정요리의 내용을 돋보이게 하고 연회행사 시에 화려함을 더해 주며 모든 식도락가에게 즐거움과 만족감을 제공하는 특수 조리 기술이다.

식품조각에 사용하는 재료는 먹을 수 있는 식재료 즉 수박, 호박, 당근, 무, 오이, 피망 등을 활용하고 작품으로는 음식에 어울리는 꽃, 새, 물고기, 용, 말, 사람 등을 만드는 것이 대부분이며 음식과 함께 제공하기 때문에 음식과 마찬가지로 식품조각도 재료 선택이 중요하다.

2) 역사와 발전

식품조각은 중국에서 '식조(食雕)'라고 불리며 요리에 빠질 수 없는 예술구성 요소이다. 여러 가지 조각 도구들을 이용하여 식재료를 조각하여 입체감을 살릴 수 있는 모든 작품을 일컫는 말이다.

식품조각은 식문화 변화에 의해 발전해 왔는데 중국은 70년대 이후 개방개혁에 따라 외식문화가 전파되면서 급속도로 발전하였으며 요리의 한 부분이 되기도 한다. 이런 작품이 중요시 되었던 것은 요리의 외관을 아름답게 표현함으로써 보는 사람들의 식욕을 돋우기도 하고 예술적이고 고급스러운 느낌을 한층 더해 주기도 하기 때문이다. 지금도 중국과 동남아에서 고객에게 음식을 제공할 때, 식품조각이 중요한 역할을 담당하고 있고 우리나라에서도 활용도가 높아지고 있다.

식품조각의 기원을 살펴보면 중국 진나라부터 청나라 때까지 전성기를 누리며 지금까지 발전해 오고 있으며, '한 번 먹어보고, 두 번 보고, 세 번 관찰한다'는 용어가 말해 주듯이 요리의 예술적인 형태를 보는 즐거움을 중시하는 전통이 이어지고 있다.

최근에는 중국 궁중요리의 대통을 잇는 요리사들이 식품조각에 관심을 기울이고, 일본요리를 전문으로 하는 요리사들도 즉석에서 만들어 사용하는 꽃 카빙 등 작은 작품뿐 아니라 연회요리에 함께 제공하는 큰 조각 작품을 만들기도 하면서 발전을 거듭하고 있다.

중국에서는 식품조각 전문학교까지 생겨서 많은 조리 지망생이나 조각에 관심이 많은 학생들이 더 좋은 작품을 만들기 위해 노력하고 있다.

중국과 동남아 지역에서는 식재료를 이용하여 요리의 멋과 화려함을 돋보이게 하기 위해서 조각을 하는 반면, 일본은 음식과 가까이 있어서 어울리는 조각을 주로 한다. 식재료를 매화꽃·은행잎 모양으로 다듬거나 눈꽃 모양의 무늬를 넣어 냄비요리를 장식하기도 하고, 해산물 요리가 많으므로 무로 만든 그물이나 나팔꽃, 생강 꽃 등 회에 어울리는 조각품을 만든다. 우리나라에서는 중식당, 일식당, 연회전문 식당 등에서 주로 식품조각을 하고 있는데, 이런 여러 나라 조각의 좋은 점만 착안하여 활용하기 위해 노력하고 있다.

3) 목적과 활용

식품조각은 중국이나 일본의 조리기술에서 중요한 부분을 차지하고 있으며 음식의 형태와 식사 분위기의 품격을 높여 주고, 화려함을 표현하는 기술로 고객의 눈을 즐겁게 하는 것이 목적이다. 요리의 화룡점정이라 칭송받는 식품조각은 예전에는 음식을 보조하는 디스플레이(display)용으로만 인식되었지만 지금은 식품조각 자체만으로도 예술적인 위치에서 독보적인 위상을 차지하고 있으며, 식품조각을 주제로 요리를 세팅하는 경우도 많다. 제공하는 음식의 특색을 최대한 부각시키기 위해서 접시의 모양도 음식과 어울리는 형태로 선정하고, 음식과 식재료 조각의 배치, 색의 형태 등을 중요시해야만 좋은 작품을 제공할 수 있다.

4) 식품조각의 소재에 따른 의미

식품조각의 소재는 아름다운 문양, 동물, 식물, 사람, 어류 등 많은 대상이 있다. 각각의 대상이 무엇을 의미하는지 알고 조각해야 연회의 특징에 맞게 소재를 선정할 수 있다. 식품조각의 소재는 음식과 조화를 잘 이루어야 하며 쥐나 뱀 등 혐오스러운 것과 금기시되는 것은 조각의 소재로 피하는 것이 좋다. 희망, 장수, 복, 활력, 기쁨 등을 표현할 수 있는 소재가 연회행사와 어울린다고 할 수 있다.

① 용

용은 위엄과 고귀함을 뜻한다. 예로부터 궁궐 장식, 왕의 의자와 의복 등에 용 문양을 많이 사용하였다. 용은 상상의 동물로 눈은 호랑이, 코는 사자, 혀는 소, 비늘은 잉어, 몸은 뱀, 꼬리는 금붕어, 다리는 말, 발은 독수리, 뿔은 사슴, 머리털은 사자, 귀는 소 등 여러 종류의 동물의 특징을 합하여 만들어졌다.

② 봉황

봉황은 모든 새들의 왕으로 평화로움과 아름다움을 상징한다. 봉황도 역시 상상 속의 새인데 봉황의 몸은 학, 볏은 닭, 꼬리는 공작, 등 깃은 원앙 등 여러 종류 새의 특징을 합하여 만들어졌다.

③ 잉어

잉어가 중국 황허강 상류의 용문 계곡을 오르면 용이 된다는 전설에서 등용문(登龍門)이라는 고사성어가 유래했다. 이 때문에 잉어는 출세, 성공, 발전을 의미한다.

④ **닭**

닭의 볏은 관직을 뜻하며 새벽에 닭 울음소리는 잡귀를 물리친다는 의미가 있다.

⑤ **공작**

공작은 새 중에서도 깃털이 화려하여 부귀를 뜻한다.

⑥ **호랑이, 사자**

호랑이와 사자는 용맹을 뜻하며 잡귀를 물리친다는 의미를 가진다.

⑦ **까치**

까치는 기쁜 소식을 가져온다는 의미가 있다.

⑧ **매, 독수리**

용맹, 위엄을 뜻한다. 높고 멀리 날 수 있으며 사냥감을 포착했을 때 눈빛이 매섭기 때문에 발전, 성공을 의미한다.

⑨ **소나무, 학, 복숭아, 거북이**

장수를 의미한다.

⑩ **말**

성공, 발전을 의미한다.

2. 식품조각을 위한 재료

1) 수박

쌍떡잎식물 박목, 박과의 덩굴성 한해살이풀이다.

① **원산지**

아프리카 원산으로 고대 이집트 시대부터 재배했다고 하며, 각지에 분포된 것은 약 500년 전이라고 한다. 한국에는 조선시대 「연산군일기(1507)」에 수박의 재배에 대한 기록이 나타난 것으로 보아 그 이전에 들어온 것이 분명하다. 오늘날

에는 일반재배는 물론 시설원예를 통한 연중 재배가 가능하며 우수한 품종은 물론 씨 없는 수박도 생산하고 있다.

② 특성과 생산시기

수박의 품종은 여러 가지가 있으나 크게 분류하면 과육의 빛깔에 따라 홍육종·황육종 등으로 구분하며, 모양에 따라서는 구형·고구형·타원형 등으로 구분한다. 또한 과피의 색에 따라 녹색종·줄무늬종·농록종·황색종 등으로 구분하며, 열매의 크기에 따라서는 대형종·중형종·소형종·극소형종 등으로 구분한다. 그 밖에 숙기(熟期), 내병성, 과즙의 당도(糖度), 수송성(輸送性) 등에 따라 구분하기도 한다. 생산시기는 농지에 직접 파종할 시에는 4월에 파종하여 7~8월에 수확하며 하우스수박은 연중 생산이 가능하다.

③ 저장방법

온도는 4.4~10℃, 습도는 80~85%가 좋다. 너무 저온에 저장하면 색깔과 광택이 나빠지므로 온도를 지나치게 낮추지 말아야 한다.

④ 식품조각용 수박

수박은 검은 줄무늬, 초록색, 흰색 그리고 속의 붉은 색이 선명한 것이 좋은 재료라고 할 수 있다. 그리고 조각(carving)용 수박을 선택할 때 무엇보다 중요하게 생각해야 하는 것은 모양이다. 둥근 형태나 계란형으로 생긴 것이 조각용으로 좋으며 작품을 완성했을 때 보기가 좋다. 또한 대량구매하여 작품을 전시할 때, 식용이 목적이 아니면 유통기간이 조금 오래되어서 가격이 상대적으로 저렴한 수박을 구매하는 것이 원가대비 효율 면에서 바른 선택일 것이다.

2) 무

쌍떡잎식물 양귀비목 십자화과의 한해살이풀 또는 두해살이풀이다.

① 원산지

무의 원산지는 학자들마다 의견을 달리하지만, 주로 서아시아 일대를 원산지로 본다. 서아시아에서 실크로드를 통해 동아시아로 유입되어 중국을 거쳐서 우리나라에 전파된 것으로 알려져 있다. 중국, 일본, 우리나라를 비롯한 동아시아 온대 지방과 유럽의 온대 지방에서 많이 재배한다. 우리나라에 무가 들어온

정확한 시기를 추정하기는 어렵다. 중국에서 이미 기원전부터 재배된 것으로 알려져 있어, 우리나라도 고려시대 이전 삼국시대에는 널리 재배되었을 것으로 보인다.

② 특성과 생산시기

무의 품종은 중국을 통하여 들어온 재래종과 일본을 거쳐 들어온 일본무 계통이 주종을 이룬다. 재래종은 진주대평무, 중국청피무, 용현무, 의성반청무 등이 있으며, 깍두기나 김치용으로 많이 쓰인다. 일본무는 주로 단무지용으로 재배하며, 대표적인 품종으로 미농조생무, 청수궁중무가 있다. 서양무에는 파종 후 약 20일이면 수확이 가능한 20일무, 40일 후 수확하는 40일무 등이 있다. 생산시기는 가을무는 8월 중순이나 하순에 파종하여 11월에 수확하며 봄무는 3~4월에 하우스에서 파종하여 5~6월에 수확한다.

③ 저장방법

수확한 무는 얼지 않게 흙 속에 움저장하면 다음해 봄까지 저장할 수 있다. 저장 중에 재래종도 바람이 드는데 이는 저장기간 중 온도가 높아서 생장점의 생육이 진전될 경우 심하다. 뿌리와 줄기를 칼로 잘라낼 때 뿌리 부분의 무가 잘려나가지 않게 조심해야 한다. 무의 윗부분이 상처를 받으면 보관 중에 짓무를 수 있다.

④ 식품조각용 무

무는 색깔 자체가 희고 강도가 뛰어나기 때문에 다양한 방면에 활용하며 작품을 만들었을 때 고급스러운 분위기를 연출할 수 있다. 또한 강도가 좋으면서도 조각용 칼이 부드럽게 들어가기 때문에 단호박이나 당근보다 빠른 속도로 조각할 수 있다. 다만 명암이 뚜렷하게 드러나지 않기 때문에 칼로 선을 그리면 잘 보이지 않아 초보자들에게 힘겨울 수 있다.

따라서 조각용 무를 선택할 때는 단단하고 바람이 들지 않은 것이 좋으며, 구조물을 만들 때는 크기와 강도를 모두 고려하여 구매해야 한다.

3) 당근

쌍떡잎식물 산형화목 미나리과의 두해살이풀이다.

① 원산지

인류가 당근을 사용한 것은 로마시대부터이며 원산지는 지중해 연안에서 중앙아시아에 걸친 지역이다. 우리나라에서는 당나라 때 들어온 뿌리 식물이라고 했으며 주요 생

산지는 제주도 남제주군, 경남의 김해군·양산군과 강원도의 횡계·평창·진부·임계 등이다.

② 특성과 생산시기

당근의 품종은 동양계, 서양계의 많은 품종이 있다. 동양계는 30~80cm로 길고 진한 적색을 띠며, 서양계는 15~20cm로 짧고 주황색을 띠고 있다. 우리나라에서 재배하는 것은 대부분 서양계이다. 당근은 봄, 가을에 한 번씩 재배가 가능한 채소이다. 씨앗을 뿌리는 시기의 기온에 따라 싹트는 기간이 달라진다. 기온이 높으면 8~10일이 소요되고, 이보다 기온이 낮으면 더 오래 걸린다.

③ 저장방법

관리온도는 0℃, 습도는 90~95%로 높게 관리한다. 오래 저장하려면 무와 같은 방법으로 신문지를 이용하여 저장한다.

④ 식품조각용 당근

당근은 강도가 높기 때문에 식품조각의 다양한 부분에서 활용하며 오래 보관할 수 있는 좋은 재료이다. 주스용으로 판매하는 작은 당근이나 국산 당근은 중앙부분의 심이 물에 닿으면 특히 잘 분리되기 때문에 용이나 봉황 등의 큰 작품을 만들기에는 적당하지 않다. 잘랐을 때 심이 작고 단단하여 조각용으로 적합한지 확인하는 것이 좋다.

4) 늙은 호박

박과의 덩굴성 한해살이풀이다.

① 원산지

호박의 원산지는 남미로 알려져 있다. 우리나라에서 재배된 것은 통일신라시대부터라는 설도 있지만 대개 임진왜란 이후로 보는 설이 많다.

② 특성과 생산시기

한국에서 재배하는 호박은 중앙아메리카 또는 멕시코 남부의 열대 아메리카 원산의 동양계 호박, 남아메리카 원산의 서양계 호박, 멕시코 북부와 북아메리카 원산의 페포계 호박 등 3종이다. 재배양식은 하우스 촉성재배 및 반촉성재배, 조숙재배, 여름재배, 억제재배가 있다. 촉성

세팅에 많이 사용한다. 또한 빨리 시들기 때문에 뷔페음식 등에 데코레이션으로 오랜 시간 사용하지 않는 것이 좋다.

9) 고추

쌍떡잎식물 통화식물목 가지과의 한해살이풀이다.

① 원산지

고추는 열대 아메리카가 원산지로 재배 고추의 야생종은 미국 남부로부터 아르헨티나 사이에 분포되어 있고, 종류에 따라서는 콜럼버스 시대 이전에 이미 상당히 광범위하게 재배되었다. 16세기경 동양에 전파된 후 특히 원산지와 환경이 비슷한 인도 등 남아시아에서는 17세기경에 이미 많은 품종이 재배되었다. 일본에는 1542년 포르투갈인들에 의해 담배와 함께 전파되었다는 남방도입설과 임진왜란 때 장수로서 우리나라에 왔던 가토 기요마사(加藤清正)가 우리나라로부터 가져왔다는 북방도입설이 있다.

② 특성과 생산시기

한국에서 재배하고 있는 고추는 대략 100여 종 정도로 알려져 있는데 산지의 명칭을 딴 것들이 대부분이다. 그 가운데 충남 청양의 청양고추, 충북 음성의 음성고추, 경북 칠성의 칠성초, 경북 수비의 수비초가 유명하다. 고추는 두 번 옮겨심기를 한다. 2월 하순~3월 초순에 씨를 뿌려서 4월 하순~5월 초순에 옮겨 심어 6월 초순 이후에 거두는 작업을 한다.

③ 저장방법

고추의 보관온도는 1~5℃가 적당하기 때문에 냉장 보관해야 한다. 비닐봉지에 넣어서 보관하면 신선함을 살릴 수 있다. 좀 더 오랫동안 보관해야 할 경우는 고추를 잘라서 씨를 모두 빼고 보관하면 좀 더 오랫동안 보관할 수 있다.

④ 식품조각용 고추

고추는 곧고 윤기 나고 싱싱한 것이 좋으며, 홍고추를 많이 사용하지만 청고추와 섞어서 세팅을 해도 이색적인 느낌을 줄 수 있다. 고추가 물에 닿으면 휘어지는 현상을 이용해서 꽃 모양을 만든다.

10) 비트

쌍떡잎식물 중심자목 명아주과의 두해살이풀이다.

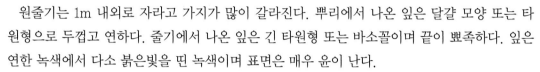

① 원산지

유럽 남부가 원산지이다.

② 특성과 생산시기

원줄기는 1m 내외로 자라고 가지가 많이 갈라진다. 뿌리에서 나온 잎은 달걀 모양 또는 타원형으로 두껍고 연하다. 줄기에서 나온 잎은 긴 타원형 또는 바소꼴이며 끝이 뾰족하다. 잎은 연한 녹색에서 다소 붉은빛을 띤 녹색이며 표면은 매우 윤이 난다.

꽃은 6월에 피고 노란빛을 띤 녹색이며 포겨드랑이에 달리고 전체가 원추꽃차례를 이룬다. 화피는 5개로 갈라지고 꽃이 진 다음 열매를 감싼다. 수술은 5개, 암술대는 2~3개이다. 열매는 시금치 종자처럼 생긴 울퉁불퉁한 위과(僞果)로서 길게 자란 꽃턱과 화피 속에 들어 있다. 그 속에 보통 1~5개의 종자가 들어 있는데 딱딱한 과피에 싸여 있다.

비교적 재배가 쉽고 풀 전체를 식용할 수 있어 외국에서는 집에서 손쉽게 재배하는 인기작물이다. 비트의 지상부는 어릴 때는 샐러드로 이용하고, 자라면 조리해서 먹는다. 녹색 부위가 뿌리보다 더 영양분이 많다. 이 속(屬)에는 잎을 식용으로 하는 근대(var. cicla)와 잎과 뿌리를 식용으로 하는 사탕무(var. saccharifera) 등이 있다.

③ 저장방법

비트는 잎을 제거하고 10℃ 정도에서 5~6개월 저장이 가능할 정도로 저장성이 매우 높다. 저온저장은 0℃ 이하로 내려가지 않게 하며 보통 0~5℃, 상대습도 90~95%에서 저장한다.

④ 식품조각용 비트

붉은색이 진하기 때문에 여러 가지 음식에 포인트를 주거나 식재료에 물을 들이는 데 사용하기도 한다. 그리고 다양한 카빙 형태를 만들고 강렬한 색을 표현할 때 좋은 식품조각 재료이다.

11) 연근

연꽃의 땅속줄기를 말한다.

① 원산지

중국 원산설이 유력하지만 이집트 원산설도 있다. 1,500년 이상 전에 도래했다.

② 특성과 생산시기

수생(水生)의 여러해살이 초본식물로 땅속줄기(地下莖) 선단에 연근을 형성한다. 생산시기는 파종 4월 하순~5월 상순, 수확 9월 ~3월 하순이다.

③ 저장방법

갈변현상이 쉽게 일어나므로 쇠로 된 기구는 피하고 식초와 함께 보관하면 좋다.

④ 식품조각용 연근

형태 그대로 식품조각의 배경이 되기도 하며 겉을 일정하게 파내면 특이한 형태의 바위 모양 표현도 가능하다. 일본요리에서 여러 가지 데코레이션 형태로 변형되며 식품조각 작품을 만들 때 갈변현상으로 색이 변하는 것 또한 자연스러운 연출을 한 것처럼 이색적이다.

12) 사과

쌍떡잎식물 장미목 장미과 낙엽교목 식물인 사과나무의 열매이다.

① 원산지

1892년 미국인 선교사가 처음 심기 시작한 이래 우리나라 기후에 알맞아서 전국에서 재배하고 있다.

② 특성과 생산시기

알칼리성 식품으로, 칼로리가 적고 몸에 좋은 성분이 많이 들어 있다. 수확시기에 따라 조생종, 중생종, 만생종으로 나뉜다. 8월 하순 이전이 최성수확기인 조생종에는 미광, 조홍, 서홍, 쓰가루(아오리) 등이 있고, 최성수확기가 9월 상순에서 10월 중순까지인 중생종에는 홍로, 홍월, 양광, 추광, 골든딜리셔스, 세계일, 조나골드, 시나노스위트 등이 있다. 10월 하순 이후가 최성수확기인 만생종에는 후지(부사), 홍옥, 감홍, 화홍 등이 있다.

③ 저장방법

깎아서 공기 중에 두면 과육이 갈색으로 변하는데 이를 예방하려면 1L의 물에 1g의 소금을 넣어 만든 소금물에 담가둔다.

④ 식품조각용 사과

사과는 재질이 연하여 큰 식품조각을 하기 위한 연습용으로 활용하면 적당하다. 그러나 꼭 사과의 형태가 필요할 때는 조각작품으로도 활용하며, 갈변이 잘 되기 때문에 작품 전시 전에 설탕물이나 레몬 물 등에 담가 갈변을 최대한 늦추는 것이 중요하다.

13) 양파

외떡잎식물 백합목 백합과의 두해살이풀이다.

① 원산지

원산지는 서부아시아로 보며 이곳에서 중동을 거쳐 이집트 · 이탈리아 등 지중해 연안에 이르고 유럽을 경유해서 15세기경 미국으로 건너갔으며 우리나라에는 조선 말엽에 미국이나 일본에서 도입된 것으로 짐작하고 있다.

② 특성과 생산시기

수확은 주로 6~7월에 잎이 쓰러지고 약간 녹색을 지닐 때 하는데, 비늘줄기가 크기 전에 뽑아서 잎을 식용하는 것도 있다. 양파는 주로 비늘줄기를 식용으로 하는데, 비늘줄기에서 나는 독특한 냄새는 이황화프로필 · 황화알릴 등의 화합물 때문이다. 이것은 생리적으로 소화액 분비를 촉진하고 흥분 · 발한 · 이뇨 등의 효과가 있다.

③ 저장방법

양파는 수분이 많은 식품으로 저장성이 매우 약하여 저장 기간 중 발아 및 부패 등으로 인해 품질저하가 심하다. 양파]의 저장성은 수확 전과 수확 후의 제반조건에 의해 영향을 받는다. 양파 저장 시 저장온도의 영향에 대해서는 65~66℃에서 더 빨리 발아하며 0℃에서는 6개월 동안 휴면상태 유지가 가능하고 32~35℃에서는 전혀 발아하지 않는다고 보고된 바 있다.

④ 식품조각용 양파

양파는 흰색과 자주색이 있는데, 모양이 둥글고 여러 겹으로 형성되어 있기 때문에 한 겹씩 모양을 내서 연꽃 모양을 만들기에 적당하다. 또는 한 겹씩 꽃의 형태로 잘라서 꽃봉오리에 붙여 꽃을 표현하기도 한다.

14) 토마토

쌍떡잎식물 통화식물목 가지과의 한해살이풀이다.

① 원산지

원산지는 북미대륙이며, 콜럼버스의 북미대륙 발견 뒤 유럽에 소개되었다. 우리나라에 도입된 연대는 확실하지 않으나, 「지봉유설(1614)」에 처음 기록이 나와 그 이전에 중국을 통하여 수입된 것으로 추측하고 있다.

② 특성과 생산시기

꽃 이삭은 8마디 정도에 달리며 그 다음 3마디 간격으로 달린다. 꽃은 5~8월에 노란색으로 피는데, 한 꽃 이삭에 몇 송이씩 달린다. 꽃받침은 여러 갈래로 갈라지며 갈래 조각은 줄 모양 바소꼴이다. 화관은 접시 모양이고 지름 약 2cm이고 끝이 뾰족하며 젖혀진다. 열매는 장과로서 6월부터 붉은색으로 익는다.

③ 저장방법

토마토는 저장온도 10~12℃, 상대습도 80% 조건의 저장고에서 약 12~14일 정도 저장 가능하다. 수확 후 세척하지 않으면 곰팡이균 등이 번식할 위험이 있으므로 반드시 세척한 과실을 박스에 담아 저장해야 한다.

④ 식품조각용 토마토

붉은 토마토는 재질이 연하지만 속살의 모양이 예쁘기 때문에 접시 위 데코레이션으로 주로 사용한다. 토마토의 껍질만 돌려깎아서 꽃 모양을 표현하기도 하고 얇게 썰어서 여러 가지 형태의 꽃과 나비 등을 만든다.

15) 애호박

박과의 식물이다.

① 원산지

호박의 원산지는 중앙아메리카 및 남아메리카로 알려져 있다. 유럽인들에 의해 세계에 번졌다. 한반도에는 16세기에 전래된 것으로 추정하고 있다.

② 특성과 생산시기

품종이나 기후 등에 따라 차이가 있지만, 보통 청과용으로 사용하는 애호박은 개화한 뒤 7~10일이면 수확할 수 있다. 애호박은 가식부(可食部) 100g당 단백질 1.3g, 탄수화물(당질) 74g, 칼슘 23g, 인 42mg, 비타민 A 958 IU, 비타민 C 12mg 등이 함유되어 있다.

③ 저장방법

고온에 저장하면 겉이 말라버리므로 조심해야 한다.

④ 식품조각용 애호박

애호박은 껍질 부분에 모양을 내어 돌려깎기도 하고 간단하게 꽂게 모양을 만들기 등에 활용한다. 구매 시 단단한 것이 좋으며 살짝 눌러도 자국이 생기고 흠이 조금씩 번지기 때문에 예리한 칼로 빨리 조각하여 활용한다.

3. 식품조각 도구

주도(主刀)

식품조각을 할 때 가장 많이 사용하는 조각 도구로서 선도법, 각도법, 필도법으로 조각할 때 사용한다.

V형도

꽃잎의 무늬, 옷 주름, 새 깃털, 용 비늘 등을 조각할 때 쓰이고, 전체적인 식품조각의 형태를 그릴 때 사용하기도 한다.

응시자격 및 검정기준

응시자격	제한 없음
필기시험	필기와 1단계 드로잉 합산 시 평균 60점 이상 합격 • 필기시험(60점 만점) : 식품조각 이론, 재료, 위생, 식품조각 드로잉 　→ 객관식 4지선다형 • 1단계 드로잉(40점 만점)
실기시험	실기시험은 1단계 식품조각 작품 중 1~3가지를 정해진 시간 안에 완성하고 제시하여 평가 받는다(평균 60점 이상 합격).

2) 식품조각지도사(1급) 자격증

식품조각지도사 1급은 누구나 응시 가능하며 세계식품조각지도사협회(www.fooddoctors.net)에서 발급하는 공신력 있는 자격증이다. 준전문가 수준의 식품조각 활용능력을 가지고 있으며 식품조각(food carving) 교육자, 조리 분야의 책임자로서 갖추어야 할 능력을 가진 고급 수준을 평가한다.

응시자격 및 검정기준

응시자격	제한 없음(필기 및 드로잉 면제자 : 식품조각지도사 2급 자격증 소지자) 　※식품조각지도사 2급 자격증 없이도 응시 가능
필기시험	필기와 2단계 드로잉 합산 시 평균 60점 이상 합격 • 필기시험(60점 만점) : 식품조각 이론, 재료, 위생, 식품조각 드로잉 　→ 객관식 4지선다형 • 2단계 드로잉(40점 만점)
실기시험	실기시험은 1, 2단계 식품조각 작품 중 2~3가지를 정해진 시간 안에 제시하여 평가 받는다(평균 60점 이상 합격).

3) 식품조각지도사(MASTER) 자격증

식품조각지도사 MASTER 자격증은 누구나 응시 가능하며 세계식품조각지도사협회(www.fooddoctors.net)에서 발급하는 공신력 있는 자격증이다. 전문가 수준의 식품조각 활용능력

을 가지고 있으며 식품조각(food carving) 교육자, 조리 분야의 책임자로서 필요로 하는 능력을 갖춘 최고급 수준을 평가한다.

응시자격 및 검정기준

응시자격	제한 없음(필기 및 드로잉 면제자 : 식품조각지도사 2급 자격증 소지자) ※식품조각지도사 2급 자격증 없이도 응시 가능.
필기시험	드로잉 합산 시 평균 60점 이상 합격 → 정해진 시간 안에 1단계 드로잉 1가지, 2단계 드로잉 2가지 (1단계 드로잉 30점, 2단계 드로잉 각각 35점)
실기시험	실기시험은 2·3단계 식품조각 2~3가지를 전문가 수준으로 정해진 시간 안에 만들어 평가 받는다(평균 60점 이상 합격).

8. 식품조각지도사 필기, 드로잉 시험 안내

1) 드로잉의 개요

드로잉(drawing)은 '그리다'라는 영어에서 온 단어로 프랑스어의 데생(dessin), 일본어의 소묘(素描)와 동의어로 생각할 수 있으며 표면에 선을 긋는 행위 및 선이 지배적인 결과물을 의미한다. 색채를 입힐 수도 있지만 주로 선, 형태, 명암, 질감표현의 조형적 성격을 특징으로 한다.

전통적인 드로잉의 도구로는 펜, 초크, 파스텔, 크레용, 목탄, 흑연 등과 같은 건조 매체가 있고 잉크, 수채화, 과슈 등의 습한 매체가 있다. 이를 바탕으로 드로잉을 크게 두 가지 개념으로 나눌 수 있는데, 첫째, 사고가 투영된 가장 지성적인 매체로 회화, 조각, 건축의 기초적인 작업을 한다는 개념과 둘째, 아이디어와 형상이 직접적이고 자연스럽게 그래픽 형태로 드러나는 가장 개인적인 매체라는 개념이다.

드로잉은 회화의 조형요소인 선(line), 형(shape), 색(color), 질감(texture)중에서 선을 통한 표현으로 가장 기본적이고 1차원적인 조형 활동이다.

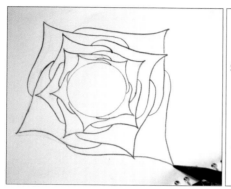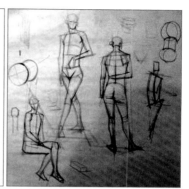

꽃, 동물, 인물 드로잉 예시

2) 식품조각 드로잉의 개요

식품조각에서 드로잉은 눈과 손을 훈련시키는 단계라고 할 수 있다. 조각할 형태의 특징을 관찰하고 파악하는 눈의 훈련은 세밀한 식품조각을 하기 위해서 꼭 필요한 방법이다. 음식과 어울리는 식품조각 작품을 잘 만들기 위해서는 정확한 비율로 선을 그리고 곡선의 형태를 잘 그릴 수 있어야 좋은 작품을 만들 수 있다. 또한 전문가 수준이 되기 위해서는 동물의 해부학적 특성에 대한 지식이 필요하지만, 무엇보다 중요한 것은 과일, 채소라는 식품의 한정된 공간 안에서 대상의 전체적인 윤곽과 비율을 파악하고 적절하게 활용하여 조각할 수 있는 드로잉 방법에 대해 연구해야 한다. 드로잉이 서툴다면 얇은 종이를 그림 위에 놓고 비치는 윤곽선을 따라 그리다 보면 동물의 형태를 이해하는 데 도움이 된다.

일반적인 드로잉은 실물에 가깝게 그리는 형태가 많지만 식품조각 드로잉은 보기 좋은 문양을 그리거나 활동하는 모습 중에서도 가장 역동적인 모습을 표현하는 것이 좋다. 그러나 이렇게 역동적인 모습을 도화지에는 얼마든지 표현할 수 있지만 과일이나 채소 등의 식품은 크기가 한정되어 있어 규격에 맞도록 적절하게 조각하는 것은 결코 쉬운 일이 아니다. 따라서 식품조각을 처음 시작하는 초보자들은 자신이 조각하고 싶은 형태를 드로잉해 보는 것이 필요하다.

잘못 그린 드로잉 예시

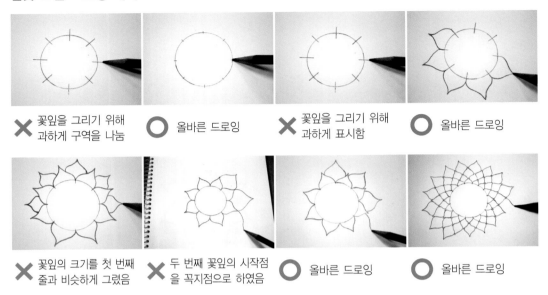

따라서 식품조각지도사 2급 과정에서는 1단계 방법으로 꽃과 줄기 모양을 규정된 크기 없이 자유롭게 그릴 수 있는 능력들을 볼 수 있게 하였고, 1급 과정에서는 2단계 방법으로 한정된 공간(가로 5cm, 세로 10cm) 안에 동물 형태를 그려 평가한다.

드로잉 시험 단계별 예시

1단계 : 꽃과 줄기 모양, 새의 형태 드로잉

2단계 : 한정된 공간(가로 5cm, 세로 10cm) 안에 동물 형태 드로잉

9. 단계별 실기시험 작품

1) 1단계

수박 꽃봉오리 1	수박 꽃봉오리 2	수박 꽃봉오리 3	수박 꽃봉오리 4	수박 꽃 조각 1
단호박 찜그릇 1	단호박 찜그릇 2	수박에 동물·인물·식물 모양 새기기	당근 눈꽃	당근 대려화
당근 돌려깎기 꽃	당근 매화꽃 문양	당근 사각 꽃	멜론 주름 꽃	무 꽃 조각
무 나비	무 말이 꽃	무 절임 백장미	사과·오렌지 원앙	오이 대나무
오이 활꽃	호박 꽃게	당근 비둘기		

2) 2단계

수박 꽃봉오리 5

수박 꽃봉오리 6

수박 꽃 조각 2

수박 꽃 조각 3

수박 꽃 조각 4

수박 꽃 조각 5

수박 연꽃 1

수박 연꽃 2

수박 카빙 1
(식품조각지도사)

당근 꽃 1

당근 꽃 2

당근 꽃 3

당근 꽃 4

당근 꽃 5(백일초)

당근 석탑

당근 청룡 : 머리

무 독수리

무 백마

무 백조

무 잉어

무 학

오이 곤충

고구마 하회탈

3) 3단계

수박 꽃 조각 6

수박 꽃 조각 7

수박 꽃 조각 8

수박 꽃 조각 9

수박 카빙 2
(세계식의연구소)

단호박 얼굴 형상

당근 청룡 : 몸통, 지느
러미, 다리, 꼬리 만들어
완성

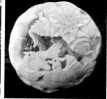
호박 카빙 : 원앙 2마리

호박 카빙 : 봉황

호박 카빙 : 나무 위에
앉은 원앙 2마리

호박 카빙 : 독수리

호박 카빙 : 꽃과 봉황

호박 카빙 : 글자 새기기
와 꽃 장식

당근 봉황

당근 비룡 : 머리

당근 비룡 : 다리, 지느
러미, 꼬리

당근 비룡 : 몸통 만들기
와 완성

37

Part 02
식품조각지도사

드로잉

1단계

3잎 꽃봉오리 · 4잎 꽃봉오리 · 5잎 꽃봉오리 · 5개 꽃잎 모양 · 6개 꽃잎 모양 · 8개 꽃잎 모양 · 10개 꽃잎 모양 · 12개 꽃잎 모양 · 16개 꽃잎 모양 · 꽃잎 밖 꽃봉오리 · 기본 꽃봉오리 · 안쪽으로 정렬된 꽃봉오리 · 톱니바퀴 모양 꽃봉오리 · 줄기 1 · 줄기 2 · 줄기 3 · 꽃잎 응용 1 · 꽃잎 응용 2 · 꽃잎 응용 3 · 꽃잎 응용 4 · 날개 편 백조

2단계

곡예 부리는 강아지 · 나비 · 독수리 · 돌고래 · 말 · 모이 줍는 학 · 플라잉 드래곤 · 산양 · 상어 · 원앙 · 잉어 · 장닭 · 토끼 · 호랑이 · 황새

3일 꽃봉오리

| 단계

01 원을 그린다.

02 정확한 비율을 위해 삼각형을 그린다.

03 봉오리가 두텁지 않게 하고 곡선으로 그린다.

04 2번째 봉오리 라인을 그린다.

05 봉오리 부분의 잎을 한 바퀴 완성한다.

06 안쪽 라인은 곡선이 보일 수 있게 안쪽에서 바깥쪽으로 그린다.

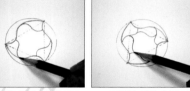

07 같은 방법으로 3잎을 완성한다.

08 공간의 여유가 있으면 안쪽에 한 잎 더 그린다.

09 8과 같은 방법으로 3 잎을 완성한다.

10 3잎 꽃봉오리 완성

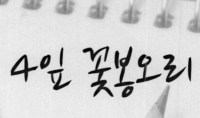

4잎 꽃봉오리

| 단계

01 원을 그린다.

02 원 안에 정사각형으로 점선을 그린다.

03 사진과 같이 바깥쪽부터 곡선으로 그린다.

04 안쪽으로 휘어지게 그린다.

05 봉오리 2잎을 완성한다.

06 안쪽으로 휘어지게 봉오리를 그린다.

07 3잎을 완성한다.

08 4번째 잎을 그린다.

09 4번째 잎을 완성한다.

10 4잎 꽃봉오리 완성

5잎 꽃봉오리

| 단계

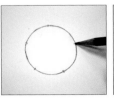

01 원을 그리고 5등분 한다.

02 바깥쪽부터 곡선으로 그린다.

03 5잎을 그린다.

04 안쪽으로 휘어지게 그린다.

05 2잎을 완성한다.

06 안쪽으로 휘어지게 그린다.

07 3잎을 완성한다.

08 안쪽으로 휘어지게 그린다.

09 4잎을 완성한다.

10 5잎 꽃봉오리 완성

42

5개 꽃잎 모양

| 단계 |

01 원을 그리고 5등분한다.

02 꽃잎을 곡선으로 그린다.

03 한 바퀴 완성한다.

04 꽃잎과 꽃잎 사이에 곡선으로 그린다.

05 두 바퀴 완성한다.

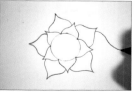

06 꽃잎과 꽃잎 사이에 곡선으로 그린다.

07 세 바퀴 완성한다.

08 5개 꽃잎 모양 완성

43

6개 꽃잎 모양

1단계

01 원을 그리고 6등분한다.

02 곡선으로 꽃잎을 그린다.

03 한 바퀴 완성한다.

04 꽃잎과 꽃잎 사이를 곡선으로 그린다.

05 두 바퀴 완성한다.

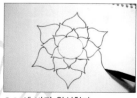

06 세 바퀴 완성한다.

07 6개 꽃잎 모양 완성

8개 꽃잎 모양

1단계

01 원을 그리고 8등분한다.

02 곡선으로 꽃잎을 그린다.

03 꽃잎 사이에 두 번째 꽃잎을 그린다.

04 두 바퀴 완성한다.

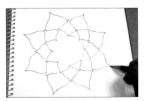

05 세 바퀴 완성한다.

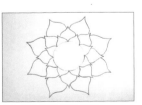

06 8개 꽃잎 모양 완성

45

10개 꽃잎 모양

l 단계

01 원을 그리고 5등분
한다.

02 5등분한 선 가운데 선
을 그어 10등분한다.

03 곡선으로 꽃잎을 그
린다.

04 한 바퀴 완성한다.

05 꽃잎과 꽃잎 사이에
곡선으로 그린다.

06 두 바퀴 완성한다.

07 꽃잎과 꽃잎 사이에
곡선으로 그린다.

08 세 바퀴 완성한다.

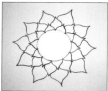

09 10개 꽃잎 모양 완성

12개 꽃잎 모양

| 단계

01 원을 그리고 6등분
한다.

02 6등분한 선 가운데 선
을 그어 12등분한다.

03 곡선을 그린다.

04 한 바퀴 완성한다.

05 꽃잎과 꽃잎 사이에
곡선으로 그린다.

06 두 바퀴 완성한다.

07 꽃잎과 꽃잎 사이에
곡선으로 그린다.

08 세 바퀴 완성한다.

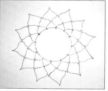

09 12개 꽃잎 모양 완성

16개 꽃잎 모양

| 단계

01 원을 그리고 4등분 한다.

02 8등분한다.

03 8등분한 선 가운데 선 을 넣어 16등분한다.

04 꽃잎을 곡선으로 1잎 을 그린다.

05 꽃잎 사이에 다시 곡 선으로 꽃잎을 그린다.

06 2잎을 완성한다.

07 꽃잎 사이에 곡선으로 꽃잎을 그린다.

08 3잎을 완성한다.

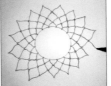

09 꽃잎 사이에 곡선으로 그린다.

10 4잎을 완성한다.

꽃잎 밖 꽃봉오리

| 단계

01 꽃잎 옆으로 길게 곡선으로 그린다.

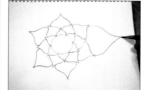

02 양쪽이 대칭되게 그린다.

03 곡선으로 사진과 같이 그린다.

04 한쪽이 겹치도록 그린다.

05 사진과 같이 그린다.

06 사진과 같이 그린다.

07 봉오리 하나를 완성한다.

08 옆으로 대칭되게 하나를 더 그린다.

기본 꽃봉오리

| 단계

01 곡선으로 1잎을 그린다.

02 1/3정도 걸치게 해서 한 잎 더 그린다.

03 2와 같은 비율로 그린다.

04 1/3정도 걸치게 그린다.

05 원형 형태가 존재하게 1잎을 완성한다.

06 봉오리 잎과 잎 사이를 먼저 그린다.

07 살짝 걸치게 해서 그린다.

08 2잎을 완성한다.

09 8과 같은 방법으로 그린다.

10 완성한다.

50

안쪽으로 정렬된
꽃봉오리

| 단계

01 하나의 꽃잎 안에 2개의 꽃
봉오리를 그린다.

02 사진과 같이 가운데로 모이
도록 그린다.

03 일정한 비율로 그린다.

04 1잎을 완성한다.

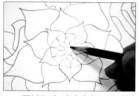

05 꽃봉오리 사이에 꽃봉오리를
그린다.

06 완성한다.

톱니바퀴 모양
꽃봉오리

| 단계

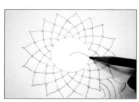

01 가운데 점을 찍고 곡선으로
그린다.

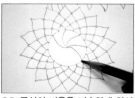

02 곡선의 비율을 비슷하게 하여
사진과 같이 그린다.

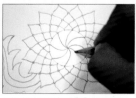

03 끝 부분의 비율을 조정한다.

04 완성한다.

줄기 1

I 단계

01 꽃잎 사이에 곡선으로 사진과 같이 그린다.

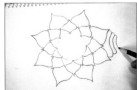

02 점점 작게 그린다.

03 줄기 끝 부분은 곡선으로 그린다.

04 끝 부분을 사진과 같이 마무리한다.

05 사진과 같이 응용하여 그린다.

06 끝 부분을 다른 방향으로 그린다.

07 완성한다.

53

줄기 2

| 단계

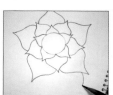
01 꽃잎 사이에 곡선을 그린다.

02 사진과 같이 연결하여 그린다.

03 1과 대칭되게 그린다.

04 사진과 같이 그린다.

05 2의 그림 안쪽에 곡선으로 그린다.

06 점점 작아지게 그린다.

07 마지막 줄기는 곡선으로 그린다.

08 곡선으로 잇는다.

09 1~8을 응용하여 그린다.

10 여러 가지 방법으로 그린다.

줄기 3

Ⅰ단계

01 꽃잎 사이에 곡선으로 길게 잇는다.

02 사진과 같이 줄기를 그린다.

03 끝 부분은 뾰족하게 그린다.

04 반대쪽도 사진과 같이 그린다.

05 끝 부분이 이어지게 그린다.

06 하나를 완성한다.

07 같은 방법으로 하나 더 완성한다.

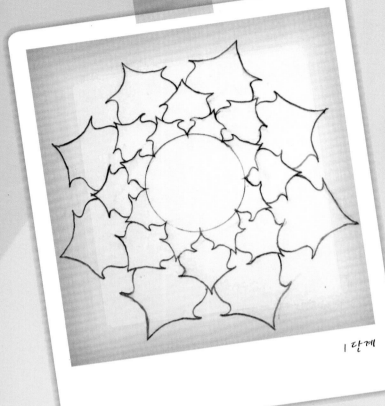

꽃잎 응용 I

| 단계

01 원을 그리고 8등분한다.

02 그림과 같이 응용하여 꽃잎을 그린다.

03 한 바퀴 완성한다.

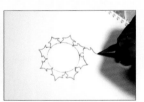

04 꽃잎 사이에 조금 더 크게 꽃잎을 그린다.

05 두 바퀴 완성한다.

06 꽃잎 사이에 조금 더 크게 꽃잎을 그린다.

07 세 바퀴 완성한다.

08 완성한다.

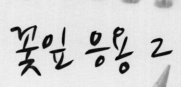

꽃잎 응용 2

| 단계

01 원 주위에 그림과 같이 곡선을 그린다.

02 2번째 꽃잎은 살짝 걸치게 그린다.

03 2와 같은 방법으로 꽃잎이 겹치도록 한 바퀴 그린다.

04 2번째 줄은 꽃잎을 조금 크게 그린다.

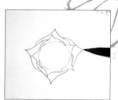

05 겹치게 해서 한 바퀴 그린다.

06 3번째 줄도 곡선으로 꽃잎을 그린다.

07 같은 방법으로 걸치게 해서 그린다.

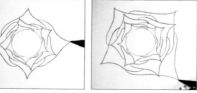

08 세 바퀴째 완성한다.

09 같은 방법으로 한 바퀴 더 그린다.

10 완성한다.

57

꽃잎 응용 3

| 단계

01 사진과 같이 꽃잎을 적당한 크기로 그린다.

02 꽃잎을 비슷한 크기로 그려 나간다.

03 8잎을 같은 크기로 완성한다.

04 첫 번째 꽃잎을 감싸 듯이 곡선으로 그린다.

05 사진과 같이 감싼 느낌이 나게 그린다.

06 세 번째 꽃잎을 그려 나간다.

07 꽃잎을 조금씩 크게 그린다.

08 7번 꽃잎보다 조금 더 크게 그린다.

09 완성한 상태

꽃잎 응용 4

| 단계

01 원을 그리고 8등분 한다.

02 원을 기점으로 점 하나를 이어 반대로 휘어지게 그린다.

03 같은 비율로 그린다.

04 곡선을 완성한다.

05 안쪽 봉오리는 사진과 같이 곡선으로 그린다.

06 가운데로 밀집되게 곡선으로 그린다.

07 원 바깥은 사진과 같이 반대방향 곡선을 그린다.

08 같은 비율로 1잎 완성한다.

09 사진과 같이 그린다.

10 점점 크게 그린다.

59

날개 편 백조

I 단계

01 가로 5cm, 세로 10cm의 직사각형을 그린다.

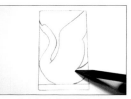

02 사진과 같이 형태를 밑에서 부터 그린다.

03 사진과 같이 뼈대 부분을 그린다.

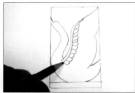

04 안쪽 첫 번째 줄 깃털을 그린다.

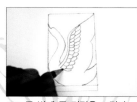

05 두 번째 줄 깃털을 그린다.

06 곡선으로 넓은 날개 부분을 그린다.

07 완성한 상태

2 단계

곡예 부리는
강아지

01 머리부터 중심을 잡고 그린다.

02 앞다리 부분이 바닥에 닿도록 그린다.

03 뒷다리 부분을 그린다.

04 꼬리 부분을 머리 쪽으로 휘어지게 그린다.

05 공을 사각 틀 크기에 맞게 그린다.

06 앞뒤로 받침대를 그린다.

07 사선으로 받침대를 표시한다.

08 완성한다.

61

2 단계

나비

01 머리 부분을 그려서 중심을 잡는다.

02 바깥쪽 날개를 그린다.

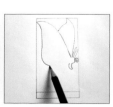

03 안쪽 날개를 그린다.

04 한쪽 면을 완성한다.

05 바깥쪽 끝 부분을 그린다.

06 나비 날개에 무늬를 넣는다.

07 밑부분까지 완성한다.

08 명암을 넣는다.

09 나비 받침대를 그린다.

10 사선으로 받침대를 표시한다.

독수리

2 단계

01 밑받침을 그리고 아래
부분부터 그린다.

02 한쪽 날개를 그린다.

03 바깥쪽 날개를 그린다.

04 뼈대를 사진과 같이
그린다.

05 안쪽 날개에 2줄의 깃
털을 그린다.

06 끝 부분의 날개를 그
린다.

07 바깥쪽 부분의 날개를
그린다.

08 부리와 눈을 그린다.

09 머리 깃털을 그린다.

10 발톱과 꼬리 부분을
그려 완성한다.

돌고래

2 단계

01 머리 부분을 그린다.

02 몸통 윤곽을 그린다.

03 눈 부분을 표시한다.

04 지느러미 부분을 곡선으로 그린다.

05 몸통 부분을 곡선으로 마무리한다.

06 꼬리 부분을 그린다.

07 파도 밑부분을 그린다.

08 돌고래와 어울리게 그린다.

09 완성한 상태

64

말

2 단계

01 머리부터 엉덩이 부분까지 그린다.

02 머리 부분에 갈기를 그린다.

03 몸통의 크기를 조정해 그린다.

04 앞다리 바깥쪽을 그린다.

05 앞다리 안쪽을 그린다.

06 밑받침을 넣을 수 있게 공간을 남기고 발 부분을 그린다.

07 뒷다리 바깥 부분을 그린다.

08 다리와 엉덩이 뒷부분에 꼬리를 그린다.

09 갈기와 꼬리의 깃털을 표현한다.

10 밑받침과 받침대를 그리고 완성한다.

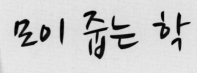

모이 줍는 학

2 단계

01 밑받침을 그리고 부리 부터 그린다.

02 목 부분을 곡선으로 그린다.

03 학을 받칠 수 있게 곡선 형태의 받침대를 그린다.

04 몸통 부분을 그린다.

05 한쪽 다리를 그린다.

06 반대쪽 다리를 그린다.

07 다리 부분에 무늬를 넣는다.

08 받침대 부분에 무늬를 넣는다.

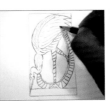
09 몸통에 깃털을 그린다.

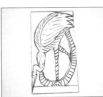
10 완성한다.

2 단계

플라잉 드래곤

01 밑받침을 그린다.

02 머리 부분의 윤곽을 그린다.

03 날개 부분을 위로 올려 그린다.

04 깃털을 2줄로 그린다.

05 꼬리 뒷부분을 곡선으로 그린다.

06 꼬리 끝 부분을 둥글게 말린 형태로 그린다.

07 날개 끝 부분을 곡선으로 그린다.

08 잔 깃털을 그린다.

09 꼬리 부분까지 깃털을 그린다.

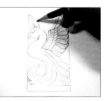

10 머리 부분을 사진과 같이 그린다.

산양

2 단계

01 밑받침을 그리고 머리 부분
의 윤곽을 그린다.

02 머리에서 다리까지 곡선으로
잇는다.

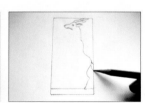

03 꼬리 부분을 그린다.

04 앞다리 부분을 그린다.

05 뒷다리 부분을 그린다.

06 동물 형태를 받칠 수 있게
받침대를 그린다.

07 받침대를 사선으로 표시한다.

08 완성한 상태

상어

2 단계

01 밑받침을 그리고 머리부터 그린다.

02 눈을 그리고 몸통 크기를 조정한다.

03 곡선으로 사진과 같이 잇는다.

04 꼬리 부분을 그린다.

05 등지느러미를 그린다.

06 상어 형태가 유지될 수 있도록 받침대를 그린다.

07 받침대를 사선으로 표시한다.

08 완성한 상태

69

원앙

2 단계

01 밑받침을 그리고 머리 부분을 그린다.

02 밑받침과 이어지게 전체 윤곽을 잇는다.

03 날개 부분을 그린다.

04 깃털 부분을 그린다.

05 세 번째 깃털을 조금 더 길게 그린다.

06 꼬리 부분까지 그린다.

07 나무와 나뭇잎을 그린다.

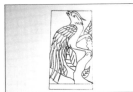

08 완성한 상태

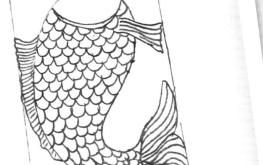

잉어

2 단계

01 밑부분에 물결 형상을 그린다.

02 물결 무늬를 그린다.

03 잉어의 윤곽을 그린다.

04 꼬리 부분까지 전체 크기를 그린다.

05 지느러미 부분을 그린다.

06 코털 부분을 그린다.

07 지느러미와 비늘을 그린다.

08 끝 부분까지 비늘을 그린다.

09 꼬리와 등지느러미를 그린다.

10 완성한 상태

2 단계

장닭

01 머리 부분의 크기를 조정하며 그린다.

02 몸통 부분을 그린다.

03 깃털 부분을 사진과 같이 그린다.

04 깃털 안쪽을 세밀하게 그린다.

05 날개 끝 부분을 그린다.

06 다리 부분을 그린다.

07 부리 조금 윗부분에 눈을 그린다.

08 꼬리 부분의 깃털을 화려하게 그린다.

09 밑 받침대 부분을 그린다.

10 완성한 상태

72

토끼

2 단계

01 밑받침과 머리 부분을 그린다.

02 귀 부분을 그린다.

03 몸통과 손 모양을 사진과 같이 그린다.

04 꼬리 부분은 밑받침에 닿게 그린다.

05 발 부분을 그린다.

06 완성한 상태

호랑이

2 단계

01 밑받침을 그리고 머리 부분을 먼저 그린다.

02 머리에서 뒷다리 부분까지 그린다.

03 앞다리 부분을 그린다.

04 뒷다리 부분을 그린다.

05 형태를 받칠 수 있게 받침대를 그린다.

06 꼬리 부분을 위로 올라가게 그린다.

07 호랑이의 무늬를 넣는다.

08 꼬리 부분까지 간격을 두고 무늬를 넣는다.

09 받침대는 사선으로 표시한다.

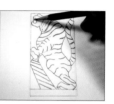

10 이빨 부분을 섬세하게 그리고 완성한다.

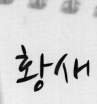

황새

2 단계

01 밑받침과 머리를 그린다.

02 목 부분을 그린다.

03 몸통 부분을 그린다.

04 다리 부분을 그린다.

05 황새의 앞뒤로 받침대를 그린다.

06 받침대를 사선으로 그린다.

07 볏에 명암을 넣는다.

08 완성한다.

75

Part 03
식품조각지도사

실기

1단계

수박 꽃봉오리 1 • 수박 꽃봉오리 2 • 수박 꽃봉오리 3 • 수박 꽃봉오리 4 • 수박 꽃 조각 1 • 단호박 찜그릇 1 • 단호박 찜그릇 2 • 수박에 동물 · 인물 · 식물 새기기 • 당근 눈꽃 • 당근 대려화 • 당근 돌려깍기 꽃 • 당근 매화꽃 문양 • 당근 사각 꽃 • 멜론 주름 꽃 • 무 꽃 조각 • 무 나비 • 무 말이꽃 • 무 절임 백장미 • 사과 · 오렌지 원앙 • 오이 대나무 • 오이 활꽃 • 호박 꽃게 • 당근 비둘기

2단계

수박 꽃봉오리 5 • 수박 꽃봉오리 6 • 수박 꽃 조각 2 • 수박 꽃 조각 3 • 수박 꽃 조각 4 • 수박 꽃 조각 5 • 수박 연꽃 1 • 수박 연꽃 2 • 수박 카빙 1(식품조각지도사) • 당근 꽃 1 • 당근 꽃 2 • 당근 꽃 3 • 당근 꽃 4 • 당근 꽃 5(백일초) • 당근 석탑 • 당근 청룡 : 머리 • 무 독수리 • 무 백마 • 무 백조 • 무 잉어 • 무 학 • 오이 곤충 • 고구마 하회탈

3단계

수박 꽃 조각 6 • 수박 꽃 조각 7 • 수박 꽃 조각 8 • 수박 꽃 조각 9 • 수박 카빙 2(세계식의 연구소) • 단호박 얼굴 형상 • 당근 청룡 : 몸통, 지느러미, 다리, 꼬리 만들어 완성 • 호박 카빙 : 원앙 2마리 • 호박 카빙 : 봉황 • 호박 카빙 : 나무 위에 앉은 원앙 2마리 • 호박 카빙 : 독수리 • 호박 카빙 : 꽃과 봉황 • 호박 카빙 : 글자 새기기와 꽃장식 • 당근 봉황 • 당근 비룡 : 머리 • 당근 비룡 : 다리, 지느러미, 꼬리 • 당근 비룡 : 몸통 만들기와 완성

수박 꽃봉오리 1

1단계

제시목록	수박 꽃봉오리 1 사진
지급재료	수박 1개 or 수박 1/2개
요구사항	수박 한쪽의 껍질을 벗겨내고 봉오리 모양을 완성하시오.
제한시간	15분(봉오리 모양만 만들면 완성)

01 준비물

02 흰 부분만 남게 수박 껍질을 제거한다.

03 껍질을 제거한 상태

04 가운데 부분에 몰드를 사용해 봉오리 부분을 만든다.

05 조각칼을 사용해 안쪽을 비스듬히 파낸다.

06 자른 부분을 떼어낸다.

07 바깥쪽도 비스듬히 자른다.

08 사진과 같이 곡선으로 선을 그린다.

09 선의 끝 부분이 이어지게 조각칼로 그린다.

10 3개를 그린 다음 안쪽을 비스듬히 자른다.

11 자른 부분을 제거한다.

12 사진과 같이 안쪽은 반대로 곡선을 그린다.

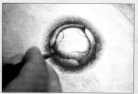

13 세 부분을 사진과 같이 그린다.

14 안쪽을 비스듬히 자른다.

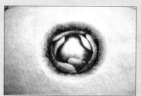

15 다시 가운데 부분에 원이 생기게 자른 상태

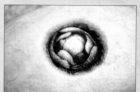

16 조각칼을 사용해 같은 방법으로 한 번 더 그린다.

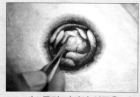

17 비스듬히 비켜서 안쪽을 제거한다.

18 꽃봉오리 완성

79

수박 꽃봉오리 2

1단계

제시목록	수박 꽃봉오리 2 사진
지급재료	수박 1개 or 수박 1/2개
요구사항	수박 한쪽의 껍질을 벗겨내고 봉오리 모양을 완성하시오.
제한시간	15분(봉오리 모양만 만들면 완성)

01 봉오리를 그릴 수 있도록 원 바깥을 둥글게 돌려깎는다.

02 사진과 같이 안쪽으로 일정하게 곡선으로 꽃잎을 그린다.

03 꽃잎을 그린 상태

04 붉은색 부분이 보이도록 둥글게 도려낸다.

05 1겹 완성한 상태

06 안쪽은 다시 원형 봉오리가 되도록 둥글게 돌려깎는다.

07 자른 부분을 제거한다.

08 잎과 잎 사이에 다시 안쪽으로 모이게 그린다.

09 안쪽을 돌려깎아 제거한다.

10 꽃잎과 함께 완성한 상태

수박 꽃봉오리 3

제시목록	수박 꽃봉오리 3 사진
지급재료	수박 1개 or 수박 1/2개
요구사항	수박 한쪽의 껍질을 벗겨내고 봉오리 모양을 완성하시오.
제한시간	15분(봉오리 모양만 만들면 완성)

01 꽃봉오리를 만들기 위해 준비한 상태

02 꽃잎과 반대 방향으로 비스듬히 자른다.

03 한 바퀴 자른 상태

04 조각칼을 세워 자른 부분을 따라서 곡선으로 그린다.

05 조각칼을 눕혀서 비스듬히 자른다.

06 자른 부분을 제거한다.

07 두 바퀴 제거한 상태

08 4와 같은 방법으로 곡선을 그린다.

09 칼을 눕혀서 자르고 자른 부분을 제거한다.

10 완성한 상태

수박 꽃봉오리 4

1단계

제시목록	수박 꽃봉오리 4 사진
지급재료	수박 1개 or 수박 1/2개
요구사항	주어진 재료를 사용하여 수박 꽃봉오리 4를 완성하시오.
제한시간	15분

01 준비물

02 껍질을 제거한다.

03 껍질을 제거한 상태

04 원형 몰드를 사용해 봉오리 모양의 원을 만든다.

05 원을 따라 안쪽으로 비스듬히 자른다.

06 사진과 같이 칼을 세워 봉오리 1잎을 그린다.

07 6의 1/3정도 지점부터 1잎을 겹치게 그린다.

08 7의 바깥쪽으로 비스듬히 잘라서 제거한다.

09 그린 부분의 바깥쪽을 칼을 눕혀 비스듬히 자른다.

10 자른 부분을 제거한다.

11 한 바퀴 봉오리 잎을 만든 상태

12 안쪽 부분 곡선으로 봉오리 잎을 그린다.

13 그린 부분 바깥쪽을 칼을 눕혀 자르고 제거한다.

14 같은 방법으로 가운데로 모이게 봉오리 잎을 만든다.

15 안쪽에 곡선으로 그리고 잘라서 봉오리 잎을 만든다.

16 가운데 마지막 부분은 비스듬히 돌린 다음 제거한다.

17 봉오리 바깥쪽을 제거하여 봉오리를 완성한다.

18 꽃잎을 만들어 봉오리와 어우러진 상태

제시목록	수박 꽃 조각 1 사진
지급재료	수박 1개 or 수박 1/2개
요구사항	봉오리를 중심으로 8개의 꽃잎을 3겹 이상 완성하고 줄기 모양을 넣어 완성하시오.
제한시간	40분(봉오리 부분을 제외하고 완성하는 시간)

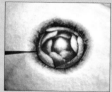

01 꽃봉오리를 만들고 8
부분으로 표시한다.
※수박 꽃봉오리 1 참고

02 사진과 같이 꽃잎을
그린다.

03 안쪽 부분을 파낸다.

04 바깥쪽 부분도 사진과
같이 비스듬히 자른다.

05 바깥쪽 자른 부분을 제
거한다.

06 꽃잎과 꽃잎 사이에
조금 더 큰 꽃잎을 그린다.

07 꽃잎을 8잎으로 사진과
같이 칼을 세워서 그린다.

08 꽃잎 안쪽을 둥글게
파낸다.

09 바깥쪽은 4와 같이 파
내고 제거한다.

10 다시 조금 더 큰 꽃잎
을 그린다.

11 꽃잎 안쪽을 파낸다.

12 9와 같이 바깥쪽을 제
거한다.

13 꽃잎을 조금 더 크게
곡선으로 그린다.

14 안쪽과 바깥쪽을 파
낸다.

15 줄기 부분의 문양을 그
린다.
※드로잉 1단계 줄기 1 참고

16 사진과 같이 곡선형태가
보이게 비스듬히 자르고 끝 부
분은 양쪽을 비스듬히 자른다.

17 줄기 문양이 보이게
주위를 자른다.

18 옆에도 같은 방법으
로 줄기 문양을 하나 더
새긴다.

19 위쪽과 아래쪽에 줄
기 문양을 각각 2개씩 새
긴다.

20 조각칼을 사용해 전체
주위에 칼집을 넣는다.

21 조각칼이 들어가지 않
는 부분은 칼을 들어서 자
른다.

22 완성한 상태

단호박 찜그릇 1

1단계

제시목록	단호박 찜그릇 1 사진
지급재료	단호박 1개
요구사항	찜그릇 모양이 될 수 있도록 뚜껑을 만드시오. 뚜껑과 단호박의 한쪽 면에 꽃무늬 장식을 하시오. 내용물을 넣을 수 있게 단호박 속을 파내시오.
제한시간	50분

01 필러를 사용해 껍질을 벗긴다.

02 굴곡이 있는 부분은 야채칼로 다듬는다.

03 꼭지부분에 원을 그린 다음 꽃 문양을 새긴다.

04 꽃문양 밑부분을 파낸다.

05 3겹 정도 꽃 문양을 넣은 다음 둥근칼을 넣어 떼어낸다.

06 숟가락을 사용해 속을 파낸다.

07 꽃봉오리 모양을 새긴다.
※수박 꽃봉오리 1 참고

08 곡선으로 꽃 문양을 넣는다.

09 꽃잎과 꽃잎 사이에 꽃잎 문양을 새긴다.

10 조각칼을 들어서 꽃잎을 곡선으로 새긴다.

11 사진과 같이 줄기 부분을 그린다.

12 사진과 같이 선을 따라 비스듬히 파낸다.

13 꽃 부분은 양쪽을 비스듬히 파낸다.

14 줄기 부분이 두드러지게 옆 부분을 비스듬히 파낸다.

15 반대쪽도 같은 방법으로 새긴다.

16 완성한 상태

단호박 찜그릇 2

제시목록	단호박 찜그릇 2 사진
지급재료	단호박 1개, 글자(福, 長壽) 중 하나
요구사항	찜그릇 모양이 될 수 있도록 뚜껑을 만드시오. 주어진 글자(福, 長壽)를 단호박에 새겨 넣으시오. 내용물을 안에 넣을 수 있게 단호박 속을 파내시오.
제한시간	50분

01 준비물

02 '복(福)'자를 테이프를 사용해 붙인다.

03 조각칼로 글자를 그린다.

04 U형도로 글자 주위에 형태를 만든다.

05 조각칼을 사용해 파낸다.

06 글자 가운데는 조각칼을 눕혀서 양쪽으로 파낸다.

07 '복(福)'자를 완성한 상태

08 U형도를 사용해 무늬를 넣는다.

09 작은 U형도를 돌려서 무늬를 넣는다.

10 조각칼을 비스듬히 눕혀 파낸다.

11 윗부분을 조각칼을 사용해 자른다.

12 윗부분을 떼어낸다.

13 숟가락을 사용해 안쪽을 파낸다.

14 조각칼을 사용해 무늬를 넣는다.

15 완성한 상태

수박에 동물·인물·식물 모양 새기기

제시목록	수박에 동물, 인물, 식물 모양을 새겨 넣은 사진
지급재료	수박 1개 or 수박 1/2개
요구사항	수박에 동물, 인물, 식물 중 하나를 선정하여 그림을 그리고 형태를 완성하시오.
제한시간	45분

01 돼지

02 쥐

03 개

04 말

05 뱀

06 양

07 소

08 산타

09 포도

10 장미

11 대나무

12 들꽃

13 민들레

14 원숭이

15 해바라기

16 난꽃

당근 눈꽃

제시목록	당근 눈꽃 사진
지급재료	당근 1개, 파슬리 10g
요구사항	당근에 V형도나 조각칼을 사용하여 눈꽃 모양의 꽃을 하나 이상 완성하시오. 파슬리와 남은 당근으로 장식하시오.
제한시간	25분

01 준비물

02 당근을 2.5cm 길이로 자르고 윗부분을 도려낸다.

03 옆에서 본 모양

04 V형도로 6각 눈꽃 모양을 넣는다.

05 조각칼로 눈꽃 모양 주위로 꽃무늬를 만든다.

06 V형도로 꽃무늬 사이를 자른다.

07 조각칼로 틀 주위를 자른다.

08 조금 더 큰 V형도로 자른다.

09 마지막에는 조각칼을 사용해 자른다.

10 칼을 깊게 넣어서 떼어낼 수 있게 한다.

11 밑부분을 손으로 떼어낸다.

12 완성한 상태

당근 대려화

제시목록	당근 대려화 사진
지급재료	당근 1개, 파슬리 10g
요구사항	U형도와 조각칼을 사용하여 당근 대려화를 완성하시오. 파슬리나 남은 당근을 사용하여 장식하시오.
제한시간	25분

1단계

01 준비물

02 3cm 높이의 당근을 비스듬히 돌려깎는다.

03 U형도를 사용해 원형을 그린다.

04 작은 U형도를 사용해 사진과 같이 찍어 자른다.

05 꽃잎 사이를 다시 U형도로 찍어 자른다.

06 덜 자른 부분은 조각칼로 자른다.

07 더 큰 U형도로 사진과 같이 찍어 자른다.

08 조각칼로 덜 자른 부분을 자른다.

09 꽃잎과 꽃잎 사이를 U형도를 사용해 자른다.

10 꽃잎 바깥쪽에 조각칼을 깊이 넣어 자른다.

11 끝 부분을 잘라 떼어낸다.

12 완성한 상태

당근 돌려깍기 꽃

제시목록	당근 돌려깍기 꽃 사진
지급재료	당근 1/2개
요구사항	당근 돌려깍기 꽃을 1개 이상 완성하시오.
제한시간	20분

01 준비물

02 당근은 사각기둥 모양으로 자른다.

03 4면의 가운데 부분에 5mm 깊이의 홈을 낸다.

04 홈을 낸 양쪽을 도려낸다.

05 끝 부분 양쪽을 살짝 자른다.

06 당근에 무늬를 넣기도 한다.

07 각진 부분을 한 번 돌려깎는다.

08 얇게 돌려깎는다.

09 완성한 상태

당근 매화꽃 문양

제시목록	당근 매화꽃 문양 사진
지급재료	당근 1/2개
요구사항	주어진 당근을 사용하여 냄비요리, 찜요리에 넣을 매화꽃 문양을 2개 이상 완성하시오.
제한시간	20분

01 준비물

02 당근을 1cm 길이로 자른다.

03 오각형이 될 수 있게 표시한다.

04 오각형으로 자른다.

05 5면에 5mm 깊이의 홈을 낸다.

06 홈 부분을 양쪽으로 자르고 각진 부분을 잘라 둥글게 만든다.

07 5각을 둥글게 만든 상태

08 사진과 같이 가운데까지 비스듬히 홈을 낸다.

09 한쪽 선에서 다른 쪽 선까지 비스듬히 자른다.

10 완성한 상태

당근 사각 꽃

제시목록	당근 사각 꽃 사진
지급재료	당근 1/2개
요구사항	당근을 사용하여 사각 형태로 꽃 모양을 3개 만들어 모아 놓으시오.
제한시간	20분

01 준비물

02 당근을 직사각형 모양으로 자른다.

03 가운데 약간의 홈을 낸다.

04 홈 한쪽을 비스듬히 자른다.

05 홈의 반대쪽도 비스듬히 자른다.

06 모서리 부분을 양쪽으로 자른다.

07 6을 비스듬히 깎고 2mm 두께로 끝 부분을 조금 남기고 자른다.

08 사진과 같이 비틀어 꽃잎만 남긴다.

09 완성한 상태

멜론 주름 꽃

1단계

제시목록	멜론 주름 꽃 사진
지급재료	멜론 1개
요구사항	멜론에 꽃 모양을 조각하시오.
제한시간	30분

01 준비물

02 멜론의 가운데를 얇고 둥글게 자른다.

03 몰드를 사용해서 원을 만든다.

04 원 주변을 조각칼로 비스듬히 자른다.

05 가운데 부분을 곡선으로 자른다.

06 한쪽으로 비스듬히 잘라 모양을 만든다.

07 봉오리 모양을 만든 상태

08 꽃잎 모양을 겉껍질과 겹치게 그린다.

09 겉껍질에 자국이 생기도록 V자 모양을 낸다.

10 V자 모양을 만든 상태

11 꽃잎 끝 부분 약간만 남기고 사이를 자른다.

12 자른 부분 밑으로 꽃잎 모양을 그린다.

13 다시 4번 정도 V자 칼집을 넣는다.

14 꽃잎 끝 부분을 약간 남기고 모서리를 자른다.

15 돌아가며 사방을 자른다.

16 가운데 부분에 V자를 길게 판다.

17 가운데를 중심으로 옆쪽에 2줄을 만든다.

18 꽃잎을 좀 더 크게 그린다.

19 그린 꽃잎 모서리를 자른다.

20 다시 한 번 V자 칼집을 넣는다.

21 꽃잎을 가장 크게 그린다.

22 꽃잎 밑을 껍질이 보이지 않게 자른다.

23 돌아가며 손질한다.

24 완성한 상태

무 꽃 조각

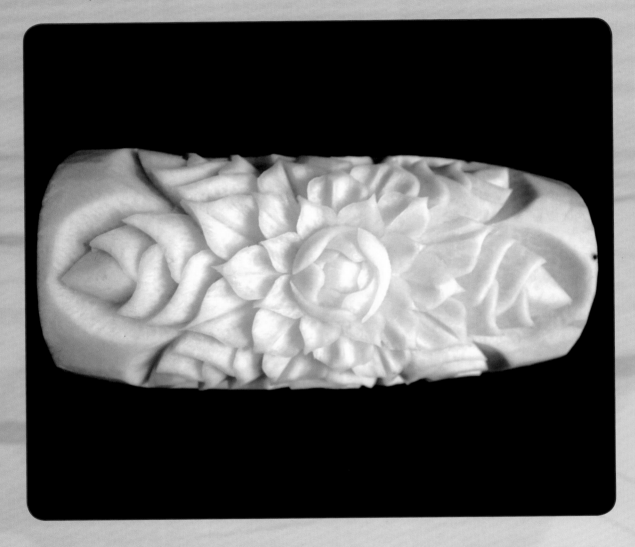

제시목록	무 꽃 조각 사진
지급재료	무 1개
요구사항	무 옆면의 껍질을 벗기고 사진에 제시한 봉오리와 꽃 모양을 완성하시오.
제한시간	1시간

1단계

01 준비물

02 필러를 사용해 껍질을 제거하고 원형 몰드로 봉오리 모양을 만든다.

03 조각칼로 원 안쪽을 비스듬히 도려낸다.

04 도려낸 부분을 제거한다.

05 사진과 같이 바깥쪽에서 안쪽으로 휘게 곡선으로 꽃잎 모양을 그린다.

06 안쪽을 둥근 원형이 되게 도려낸다.

07 안쪽에서 바깥쪽으로 휘게 꽃잎 모양을 그린다.

08 4~7번과 같은 방법을 반복하여 봉오리 모양을 완성한다.

09 봉오리 바깥쪽 부분을 도려낸다.

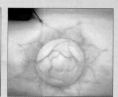

10 조각칼을 세워서 사진과 같이 8잎을 그린다.

11 꽃잎 안쪽을 도려낸다.

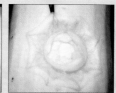

12 꽃잎 옆을 사진과 같이 자른다.

13 두 번째 줄은 사진과 같이 2번 굴곡 있게 자른다.

14 굴곡을 감싸며 한쪽 부분의 꽃잎을 그린다.

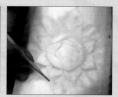

15 반대쪽 부분의 꽃잎을 그린다.

16 꽃잎 옆쪽을 자른다.

17 세 번째 줄은 굴곡의 가운데에 2번 홈을 낸다.

18 굴곡과 홈을 감싸며 꽃잎을 그린다.

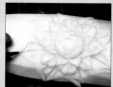

19 꽃잎 주변을 자른다.

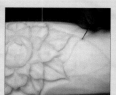

20 꽃잎 사이에 사진과 같이 봉오리 모양을 그린다.

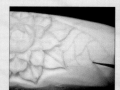

21 곡선을 살려서 사진과 같이 그린다.

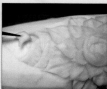

22 곡선의 앞쪽으로 비스듬히 자른다.

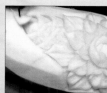

23 끝 부분은 양쪽으로 비스듬히 자른다.

24 사진과 같이 같은 모양을 옆쪽에 만든다.

25 무 옆면에도 조금 작은 크기로 만들어 완성한다.

무 나비

제시목록	무 나비 사진
지급재료	무 200g, 분홍 색소 3g
요구사항	무를 사용하여 회 접시에 장식할 나비 모양을 1개 이상 만들고 주어진 색을 살짝 입히시오.
제한시간	25분

01 준비물

02 1mm 두께로 끝 부분 1cm 를 남기고 자른다.

03 펼친 모습

04 머리 부분에 그림과 같이 모양을 낸다.

05 나비 날개 부분을 만든다.

06 꼬리 부분을 정리한다.

07 원형 조각칼을 사용해 무늬를 넣는다.

08 조각칼을 사용해 뒷부분도 무늬를 넣는다.

09 양쪽을 벌려서 바깥쪽을 안으로 넣는다.

10 모양을 형성한 상태

11 날개 부분만 분홍 색소에 담가 놓는다.

12 완성한 상태

무 말이 꽃

제시목록	무 말이 꽃 사진
지급재료	무 200g, 소금 20g, 꼬치 2개, 파슬리 3g
요구사항	무를 돌려깎기하여 사용하고 소금물에 절인 후 작품을 2개 이상 완성하시오.
제한시간	25분

01 준비물

02 무를 돌려깎아서 원기둥을 만든다.

03 얇게 돌려깎는다.

04 연한 소금물에 잠깐 담근다.

05 절인 무는 조각칼로 가운데 부분만 위에서 아래로 내리며 5mm 간격으로 홈을 낸다.

06 5를 반 접어서 돌려 감는다.

07 꼬치나 기타 도구로 고정한다.

08 완성한 상태

무 절임 백장미

제시목록	무 절임 백장미 사진
지급재료	무 200g, 소금 20g, 파슬리 3g
요구사항	무를 얇게 썰어서 소금에 절인 후 백장미 모양을 만들고 파슬리를 곁들여 장식하시오.
제한시간	25분

01 준비물

02 무를 두께 2cm, 길이 5~7cm 정도로 자른다.

03 최대한 얇게 썬다.

04 소금물에 담가 부드럽게 만든다.

05 절인 무 한 장을 물기를 제거하여 비스듬히 만다.

06 다음 장은 조금 비틀어서 모아 잡는다.

07 여러 장의 무를 조금씩 엇갈리게 붙여서 장미 모양을 만든다.

08 밑으로 퍼지는 듯한 모양을 잡는다.

09 파슬리를 깔아 완성한 상태

사과 · 오렌지 원앙

제시목록	사과 · 오렌지 원앙 사진
지급재료	사과 1개, 오렌지 1개, 통후추 2개, 치커리 2잎, 꼬치 2개
요구사항	사과와 오렌지를 원앙 형태로 만드시오.
	꼬치를 사용하여 목과 머리 모양을 고정하시오.
제한시간	25분

01 준비물

02 사과를 세울 수 있도록 밑면을 자른다.

03 사진과 같이 V자 모양으로 양쪽 4번 정도 자른다.

04 손으로 밀어서 펼친다.

05 3군데를 같은 방법으로 만든다.

06 잘라둔 밑부분으로 머리를 만든다.

07 눈 부분에 후추를 박고 꼬치 등을 사용해 몸통에 꽂아둔다.

08 오렌지도 세울 수 있게 밑면을 자른다.

09 3~5와 같은 방법으로 3군데를 만든다.

10 잘라둔 밑부분을 사용해 머리 모양을 사과 원앙의 반대 방향으로 만든다.

11 후추로 눈을 만들고 꼬치로 몸통에 꽂는다.

12 치커리를 깔아 완성한 상태

오이 대나무

1단계

제시목록	오이 대나무 사진
지급재료	오이 1/2개
요구사항	오이를 대나무 모양을 만들고 접시에 세워 1개 이상 제시하시오.
제한시간	20분

01 준비물

02 오이를 반으로 자른다.

03 껍질 부분에 세로로 촘촘히 칼집을 넣는다.

04 칼을 오이의 한쪽 끝에서 반대쪽 끝까지 밀고 당긴다.

05 가지런히 될 수 있도록 얇게 자른다.

06 끝 부분을 자른다.

07 오이 가운데로 칼집을 넣어 자른다.

08 자른 부분을 벌린다.

09 뒷부분을 받쳐서 오이를 세워 완성한다.

오이 활꽃

제시목록	오이 활꽃 사진
지급재료	오이 1/2개, 날치 알 3g or 당근 10g
요구사항	오이를 사용하여 꽃 모양을 완성하시오. 날치 알을 적당량 올리고 지급재료에 당근이 나오면 곱게 다져 올려 하나 이상 완성하시오.
제한시간	25분

1단계

01 준비물

02 오이는 꼭지 부분을 자른다.

03 사진과 같이 5면의 껍질을 제거한다.

04 꽃잎을 한 잎씩 잘라 만든다.

05 조각칼을 사용해 돌려깎는다.

06 U형도를 사용해 꽃잎 사이를 찍어 자른다.

07 조각칼을 사용해 다시 둥글게 자른다.

08 꽃 수술 부분을 손질한다.

09 붉은색을 띤 날치 알 등을 올린다.

10 완성한 상태

호박 꽃게

제시목록	호박 꽃게 사진
지급재료	주키니호박 1/2개, 당근 20g
요구사항	주어진 재료를 사용하여 꽃게 모양을 만드시오. 당근을 다듬어 눈 모양을 만드시오.
제한시간	25분

01 준비물

02 양쪽을 45°로 자른다.

03 호박의 양쪽을 끝 부분 1cm 를 남기고 4번 얇게 자른다.

04 2번과 4번을 안쪽으로 넣 는다.

05 앞쪽을 다시 45°로 자른다.

06 U형도를 사용해 사진과 같 이 찍어 자른다.

07 집게발 모양으로 자른다.

08 조각칼로 끝 부분을 V자로 자른다.

09 입 부분을 파낸다.

10 작은 U형도로 눈 부분을 돌 려 파낸다.

11 당근으로 둥근 모양을 만들 어 끼운다.

12 완성한 상태

당근 비둘기

1단계

제시목록	당근 비둘기 사진
지급재료	당근 1개, 통후추 2개
요구사항	당근 하나를 사용하여 비둘기 모양을 완성하시오.
제한시간	30분

01 준비물

02 당근을 사진과 같이 자른다.

03 각진 부분을 손질한 후 윗부분을 조각칼로 자른다.

04 앞부분을 위에서부터 내려 자른다.

05 아래쪽에 사진과 같이 비스듬히 칼집을 넣는다.

06 옆에서 보이는 비둘기 몸의 곡선을 그려 자른다.

07 주둥이 부분도 살짝 표시한다.

08 U형도를 크기별로 사용해 깃털을 만든다.

09 조금 더 큰 U형도를 사용해 자른다.

10 V형도로 깃털 모양을 만든다.

11 조금 더 큰 V형도를 사용해 깃털을 만든다.

12 깃털 밑부분을 잘라서 형태가 보이게 한다.

13 깃털 사이에 다시 깃털 모양을 만든다.

14 조금 더 큰 V형도로 깃털을 만든다.

15 깃털 형태가 보이게 하고 꼬리 부분까지 다듬는다.

16 꼬치로 구멍을 내서 후추 등으로 눈 모양을 만든다.

17 V형도로 꼬리 부분을 만들고 마지막에는 칼을 들어 불필요한 부분을 제거한다.

18 완성한 상태

수박 꽃봉오리 5

2단계

제시목록	수박 꽃봉오리 5 사진
지급재료	수박 1개 or 수박 1/2개
요구사항	주어진 재료를 사용하여 수박 꽃봉오리 5를 완성하시오.
제한시간	15분

01 준비물

02 조금 큰 원형몰드를 사용해 봉오리 모양을 만든다.

03 안쪽 부분을 비스듬히 자른다.

04 안쪽으로 휘어지게 봉오리 꽃잎을 그린다.

05 사진과 같이 한 바퀴 돌아가 며 꽃잎을 그린다.

06 안쪽에 비스듬히 봉오리 꽃 잎을 그리고 옆 부분을 자른다.

07 6의 봉오리 부분에 살짝 걸 치게 그린다.

08 두 바퀴 봉오리 꽃잎을 그 린다.

09 안쪽 부분과 겹치지 않게 봉 오리 꽃잎을 그린다.

10 세 바퀴 완성한 상태

11 안쪽 부분에 한 바퀴 더 만 든 다음 가운데 부분을 제거한다.

12 봉오리 바깥 부분을 비스듬 히 제거한다.

13 꽃잎과 함께 완성한 상태

수박 꽃봉오리 6

2단계

제시목록	수박 꽃봉오리 6 사진
지급재료	수박 1개 or 1/2개
요구사항	주어진 재료를 사용하여 수박 꽃봉오리 6을 완성하시오.
제한시간	15분

01 준비물

02 껍질을 제거하고 원형 몰드를 사용해 큰 봉오리 모양을 만든다.

03 안쪽 부분을 돌려서 자른다.

04 자른 부분을 제거한다.

05 바깥 부분도 돌려서 넓게 자른다.

06 얇게 2번 굴곡을 주어서 자른다.

07 굴곡진 부분을 사진과 같이 그린다.

08 그린 뒤쪽을 약간 비스듬히 자른다.

09 자른 부분을 제거한다.

10 처음 봉오리 잎과 1/3 정도 겹치게 해서 2번 굴곡을 주고 자른다.

11 그린 부분 뒤쪽을 얇게 잘라 제거한다.

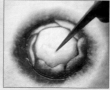

12 한 바퀴 돌려서 마무리 한다.

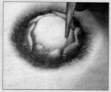

13 안쪽에 2번 굴곡을 주고 자른다.

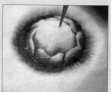

14 자른 부분을 제거한다.

15 굴곡진 부분을 따라서 그린다.

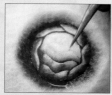

16 뒤쪽 부분을 비스듬히 잘라 제거한다.

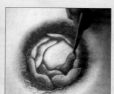

17 사진과 같이 겹치게 해서 그린다.

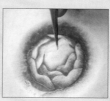

18 그린 부분을 제거한다.

19 마지막 부분이 자연스럽게 연결되게 자른다.

20 안쪽 부분을 한 번 더 비스듬히 자른다.

21 자른 부분을 제거한다.

22 마지막 안쪽을 사진과 같이 자연스럽게 만든다.

23 꽃봉오리 주변에 꽃잎을 만들어 완성한 상태

수박 꽃 조각 2

2단계

제시목록	수박 꽃 조각 2 사진
지급재료	수박 1개 or 수박 1/2개
요구사항	수박 꽃 조각 2의 꽃잎을 사진과 같이 4겹 이상 완성하시오.
제한시간	40분

01 준비물

02 조각할 부분의 수박 껍질을 제거한다.

03 원형 몰드로 봉오리 부분을 찍는다.

04 주위를 둥글게 파내고 자른 부분을 제거한다.

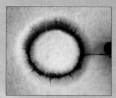

05 조각칼로 8부분을 표시한다.

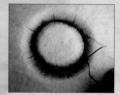

06 곡선으로 꽃잎을 그린다.

07 한 바퀴 완성한 상태

08 꽃잎 안쪽을 둥글게 파낸다.

09 꽃잎 한쪽 끝에서 다른 한쪽 끝까지 비스듬히 자른다.

10 자른 부분을 제거한다.

11 사진과 같이 첫 번째 꽃잎과 겹치게 그린다.

12 9와 같은 방법으로 비스듬히 자른다.

13 자른 부분은 제거한다.

14 3, 4번째 바퀴 꽃잎도 그린다.

15 9와 같은 방법으로 비스듬히 자른다.

16 같은 방법으로 여러 번 반복한다.

17 꽃잎이 많아질수록 꽃잎 크기는 커진다.

18 꽃잎과 꽃잎 사이를 약간 둥글게 자른다.

19 자른 부분은 제거한다.

20 꽃봉오리 부분을 그린다.

21 1단계 수박 꽃봉오리 만들기를 참고하여 완성한다.

22 2에서 자른 수박 껍질로 잎사귀를 만든다.

23 V형도를 사용해 잎맥을 만든 상태

24 꽃잎과 꽃잎 사이에 끼운다.

25 완성한 상태

수박 꽃 조각 3

2단계

제시목록	수박 꽃 조각 3 사진
지급재료	수박 1개 or 수박 1/2개
요구사항	주어진 재료를 사용하여 수박 꽃 조각 3을 완성하시오.
제한시간	50분(봉오리 15분, 꽃 조각 35분)

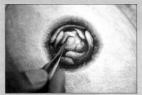

01 1단계 꽃봉오리 1을 만든다.

02 꽃잎을 그릴 수 있게 8부분을 표시한다.

03 표시한 부분의 안쪽을 둥글게 파낸다.

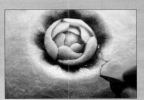

04 사진과 같이 꽃잎 무늬를 넣는다.

05 한 바퀴 돌려서 완성한다.

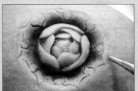

06 꽃잎의 한쪽 끝에서 다른 한쪽 끝까지 칼을 눕혀 자른다.

07 꽃잎과 꽃잎 사이를 둥글게 파낸다.

08 7의 파낸 주위로 꽃잎 무늬를 만든다.

09 6과 같은 방법으로 꽃잎 끝에서 끝까지 칼을 눕혀 비스듬히 자른다.

10 9의 자른 부분을 제거한다.

11 꽃잎과 꽃잎 사이를 사진과 같이 파낸다.

12 파낸 부분을 따라 꽃잎을 그린다.

13 같은 방법으로 꽃잎과 꽃잎 사이를 파낸다.

14 파낸 부분을 따라서 꽃잎을 그린다.

15 그린 부분의 밑을 파낸다.

16 같은 방법으로 꽃잎을 만든 후 밑부분을 둥글게 파낸다.

17 깎아두었던 수박 껍질을 사용해 줄기 모양을 만든다.

18 17을 바깥쪽에 끼워 넣는다.

19 완성한 상태

수박 꽃 조각 4

2단계

제시목록	수박 꽃 조각 4 사진
지급재료	수박 1개 or 수박 1/2개
요구사항	주어진 재료를 사용하여 수박 꽃 조각 4를 완성하시오.
제한시간	35분(봉오리 15분은 제외)

01 준비물

02 완성한 수박 꽃봉오리 4의 주위를 조각칼을 사용해 16등분 한다.

03 곡선으로 꽃잎을 그린다.

04 조각칼을 사용해 안쪽 부분을 도려낸다.

05 꽃잎 끝에서 끝까지 칼을 비스듬히 눕혀서 자른다.

06 꽃잎과 꽃잎 사이에 꽃잎을 조금 더 크게 그린다.

07 조각칼을 아래 위로 흔들면서 안쪽을 자른다.

08 꽃잎 한쪽 끝에서 다른 한쪽 끝까지 칼을 비스듬히 눕혀서 자른다.

09 꽃잎 그리기가 숙달이 되면 꽃잎을 한쪽 부분만 먼저 그린다.

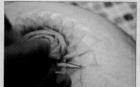

10 반대쪽 라인도 곡선으로 같은 크기로 그린다.

11 8과 같이 꽃잎 끝에서 끝까지 칼을 비스듬히 눕혀서 자른다.

12 조각칼을 사용해 꽃잎 한쪽 부분을 먼저 그린다.

13 꽃잎 안쪽을 도려낸다.

14 꽃잎과 꽃잎 사이에 꽃잎을 조금 더 크게 그리고, 그린 안쪽을 도려낸다.

15 8과 같이 꽃잎 끝에서 끝까지 칼을 비스듬히 눕혀서 자른다.

16 꽃잎과 꽃잎 사이에 조금 더 크게 꽃잎을 그린다.

17 16의 안쪽 부분도 비스듬히 제거하고 바깥 부분도 자른다.

18 자른 부분을 제거한다.

19 조각칼을 사용해 사진과 같이 칼집을 넣는다.

20 완성한 상태

수박 꽃 조각 5

2단계

제시목록	수박 꽃 조각 5 사진
지급재료	수박 1개 or 수박 1/2개, 스카치 테이프
요구사항	주어진 재료를 사용하여 수박 꽃 조각 5를 완성하시오. 수박이 깨지는 것을 방지하기 위해 스카치 테이프를 둘레에 붙인 후 시작하시오.
제한시간	30분(봉오리 15분 제외)

01 원형 몰드를 사용해 봉오리 모양을 만든다.

02 봉오리 주위로 원형으로 비스듬히 자른다.

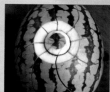

03 원과 주위를 8등분하고 점점 커지는 느낌의 일정한 곡선을 긋는다.

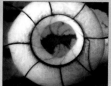

04 사진과 같이 흰 부분에 곡선으로 선을 긋는다.

05 한 바퀴 돌려서 흰 부분에만 곡선을 새긴다.

06 안쪽 부분을 비스듬히 제거한다(제거한 상태).

07 2번째 줄의 곡선을 긋는다.

08 곡선을 그린 상태

09 사진과 같이 조각칼을 눕혀서 1번째 선과 2번째 선 사이를 비스듬히 제거한다.

10 한 바퀴 돌아가며 제거한 상태

11 3번째 곡선은 아래로 길게 늘어지도록 긋는다.

12 V형도를 사용해 껍질에 촘촘히 무늬를 넣는다.

13 한 바퀴 무늬가 들어간 상태

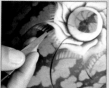

14 2번째 선과 3번째 선 사이를 비스듬히 자른다.

15 한 바퀴 제거한 상태

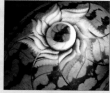

16 4번째 선을 곡선으로 그린다.

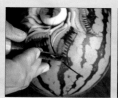

17 V형도를 사용해 무늬를 넣는다.

18 3번째 선과 4번째 선 사이를 비스듬히 자른다.

19 5번째 곡선을 그린다.

20 V형도를 사용해 무늬를 넣는다.

21 4번째 선과 5번째 선 사이를 비스듬히 잘라서 제거한다.

22 6번째 곡선을 그린다.

23 마지막 라인은 V형도를 사용하지 않고 비스듬히 자른다.

24 6번째 곡선을 완성한 상태

25 수박의 카빙한 둘레를 돌아가며 칼집을 넣어 완성한다.

수박 연꽃 1

2단계

제시목록	수박 연꽃 1 사진
지급재료	수박 1개
요구사항	수박의 사방을 조각하여 연꽃 모양을 만드시오.
제한시간	45분

01 수박의 밑면을 V형도를 사용해 8등분한다.

02 수박을 돌려 위에서부터 껍질을 반 정도 벗긴다.

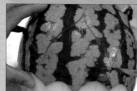

03 1에서 8등분한 선을 이용해 조각칼로 큰 꽃잎 모양을 그려 분리한다.

04 조각칼로 표시한 밑부분만 남기고 껍질을 벗긴다.

05 밑부분 큰 꽃잎 사이에 두 장의 꽃잎을 사진과 같이 조각칼로 그린다.

06 꽃잎 안쪽을 비스듬히 양쪽으로 파내고 밑부분도 비스듬히 파낸다.

07 꽃잎 밑부분을 잘라 1줄을 완성한 상태

08 다시 사진과 같이 돌아가며 그린다.

09 안쪽 부분을 사진과 같이 파낸다.

10 그린 부분의 밑부분을 잘라 윤곽이 보이게 만든다.

11 위에서 본 사진

12 위쪽으로 모이도록 꽃잎을 그리고 밑부분을 비스듬히 파낸다.

13 양쪽이 대칭을 이루도록 끝부분을 모은다.

14 완성한 상태

수박 연꽃 2

2단계

제시목록	수박 연꽃 2 사진
지급재료	수박 1개
요구사항	수박을 사진과 같은 연꽃 형태로 완성하시오.
제한시간	50분

01 준비물

02 조각칼을 사용해 8등분하고 수박 연꽃 1과 같이 꽃잎을 분리한다.

03 꽃잎을 분리한 상태

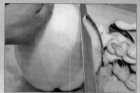

04 밑부분만 남기고 껍질을 벗긴다.

05 조각칼을 사용해 붉은색 부분이 약간 보이게 만든다.

06 밑부분 큰 꽃잎 사이에 꽃잎 하나를 그린다.

07 V형도를 사용해 붉은색 부분이 보이게 무늬를 낸다.

08 조각칼을 사용해 꽃잎 사이를 가로로 비스듬히 잘라 붉은색 부분이 보이게 만든다.

09 꽃잎 사이에 꽃잎 모양을 그리고 7과 같이 무늬를 넣는다.

10 5~9번을 반복한다.

11 꽃잎과 꽃잎 사이를 가로로 비스듬히 자른다.

12 위에서 본 모습

13 꽃잎과 꽃잎 사이를 가로로 비스듬히 자른다.

14 꽃잎 끝 부분이 한가운데 모이도록 일정한 비율로 만든다.

15 위에서 본 모습

16 꽃잎 사이에 V형도로 모양을 낸다.

17 위에서 본 모습

18 완성한 상태

수박 카빙 1(식품조각지도사)

글자와 꽃을 새긴
다른 수박 카빙 예

제시목록	수박 카빙 1(식품조각지도사) 사진
지급재료	수박 1개 or 1/2개, 동물 드로잉 1장, '식품조각지도사' 글자 1장
요구사항	주어진 재료를 사용하여 수박 카빙 1(식품조각지도사)을 완성하시오.
제한시간	60분

2단계

01 준비물

02 테이프를 사용해 드로잉을 붙인다.

03 조각칼을 사용해 수박에 새긴다.

04 드로잉과 비율을 고려하여 옆쪽에 글자를 붙인다.

05 글자를 수박에 새긴다.

06 드로잉한 부분을 남기고 껍질을 파낸다.

07 드로잉을 수박에 새긴 상태

08 조각칼을 사용해 글자 주위에 선을 긋는다.

09 조각칼을 눕혀서 글자만 남기고 껍질을 도려낸다.

10 반대쪽 부분도 글자만 남기고 껍질을 도려낸다.

11 글자 옆부분에 사진과 같은 무늬를 그린다.

12 그린 선만 남기고 안쪽을 비스듬히 도려낸다.

13 같은 종류로 카빙을 하며 밑으로 내려온다.

14 한쪽 부분을 카빙한 상태

15 U형도를 사용해 글자 옆을 찍어 반원 모양을 만든다.

16 글자 위쪽에도 무늬 카빙을 한 다음 주위를 도려낸다.

17 무늬 주위를 도려내 카빙이 두드러지도록 만든다.

18 U형도로 찍은 부분을 활용해 꽃잎 모양을 만든다.

19 글자와 드로잉 사이에 곡선으로 줄기 모양을 만든다.

20 줄기 모양 안에 무늬를 만든다.

21 선만 남기고 안쪽을 비스듬히 도려낸다.

22 드로잉과 어울리게 줄기 모양을 그린다.

23 줄기 모양을 다듬고 옆부분을 자른다.

24 드로잉과 글자 주변을 손질한다.

25 전체적으로 도드라져 보이도록 주변을 도려내어 완성한다.

당근 꽃 1

2단계

제시목록	당근 꽃 1 사진
지급재료	당근 1/2개, 오이 1/3개
요구사항	야채칼과 조각칼을 사용하여 완성하시오. 꽃잎을 5잎 만들고 만개한 꽃처럼 보일 수 있게 완성하시오.
제한시간	30분

01 준비물

02 당근을 3cm 정도 길이로 자른다.

03 오각형 기둥 모양으로 비스듬히 자른다. 넓은 면이 윗부분, 좁은 면이 아랫부분이 된다.

04 모서리 부분을 깎아 옆면도 오각형이 되도록 일정하게 자른다.

05 옆면을 위에서 아래로 얇게 잘라 꽃잎을 만든다.

06 5에서 만든 부분을 꽃잎처럼 잘라 다듬는다.

07 6의 꽃잎과 꽃잎 사이를 조각칼로 자른다.

08 7의 모서리를 4와 같이 잘라 오각형 옆면을 만든다.

09 사진과 같이 위에서 아래로 얇게 자르고 꽃잎 모양으로 다듬는다.

10 9의 꽃잎과 꽃잎 사이를 얇게 자른다.

11 10의 모서리를 잘라 오각형 형태를 만든다.

12 11의 꽃잎과 꽃잎 사이를 자른다.

13 12를 꽃잎 모양으로 만든다.

14 봉오리를 만들기 위해 꽃잎과 꽃잎 사이를 비스듬히 자른다.

15 꽃잎과 꽃잎 사이를 돌아가며 잘라 오각형 봉오리를 만든다.

16 봉오리 모양을 그리고 안쪽을 파낸다.

17 오이를 끝 부분에 1cm를 남기고 3겹으로 얇게 자른다.

18 가운데 부분을 사진처럼 굽혀 넣는다.

19 그릇 위에 모양을 잡는다.

20 당근 꽃 1을 얹어 완성한 상태

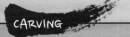
당근 꽃 2

2단계

제시목록	당근 꽃 2 사진
지급재료	당근 1/2개, 파슬리 소량
요구사항	당근을 사용하여 당근 꽃 2를 완성하고 파슬리로 장식하시오.
제한시간	25분

01 준비물

02 야채칼을 사용해 사진과 같이 오각형 기둥을 만든다. 넓은 면이 윗부분이 된다.

03 모서리 부분을 한 번 자른다.

04 한 번 더 잘라서 꽃잎 모양을 만든다.

05 조각칼을 사용해 원형으로 돌려깎는다.

06 V형도로 돌아가며 칼집을 넣는다.

07 조각칼로 윗부분을 돌려깎아 제거한다.

08 다시 한 번 V형도로 돌아가며 칼집을 넣는다.

09 윗부분을 깎아 내고 꽃심 부분을 둥글게 만든다.

10 V형도로 칼집을 한 번 더 넣는다.

11 안쪽을 둥글게 파낸다.

12 완성한 상태

당근 꽃 3

제시목록	당근 꽃 3 사진
지급재료	당근 1/2개, 파슬리 소량
요구사항	주어진 당근을 사용하여 당근 꽃 3을 만들고 파슬리로 장식하시오.
제한시간	25분

01 준비물

02 당근을 5cm 길이로 자르고 사진과 같이 오각형 기둥을 만든다.

03 밑면이 넓은 쪽 모서리를 잘라 긴 오각형 옆면을 만든다.

04 꽃잎을 사진과 같이 1mm 두께로 만든다.

05 꽃잎 5개를 만든 상태

06 꽃잎에 무늬를 넣는다.

07 꽃잎과 꽃잎 사이 모서리를 자른다.

08 사진과 같은 형태로 오각형을 만든다.

09 다시 모서리를 깊이 자른다.

10 깊이 잘라서 떨어지게 한다.

11 6에서 만든 꽃잎의 중앙을 안쪽으로 넣어서 휘어지게 한다.

12 파슬리로 장식하여 완성한 상태

당근 꽃 4

제시목록	당근 꽃 4 사진
지급재료	당근 1/2개, 파슬리 소량
요구사항	주어진 당근을 사용하여 당근 꽃 4를 만들고 파슬리로 장식하시오.
제한시간	25분

01 준비물

02 야채칼을 사용해 당근을 5cm 정도 길이로 자른다.

03 당근 꽃 2 · 3처럼 비스듬히 잘라 오각형 기둥 모양을 만든다.

04 사진과 같이 모서리를 자른다.

05 모서리를 얇게 잘라 다듬는다.

06 1cm 정도 남기고 얇게 면을 잘라 꽃잎을 만든다.

07 자른 꽃잎에 무늬를 넣어 안쪽 부분을 자른다.

08 무늬가 들어간 상태

09 모서리 밑으로 두껍게 칼집을 넣는다.

10 조각칼을 사용해 둥글게 파내어 가운데 봉오리를 만든다.

11 꽃봉오리를 둥글게 만든다.

12 파슬리로 장식하여 완성한 상태

당근 꽃 5(백일초)

2단계

제시목록	당근 꽃 5(백일초) 사진
지급재료	당근 1/2개, 치커리 2잎(or 파슬리 소량)
요구사항	야채칼과 조각칼을 사용하여 당근 꽃 5(백일초)를 완성하시오. 치커리나 파슬리로 장식하시오.
제한시간	25분

01 준비물

02 당근은 굵은 부분을 3cm 길이로 자른다.

03 당근 꽃 1처럼 비스듬히 잘라 오각형 기둥 모양을 만든다.

04 옆면을 얇게 잘라 꽃잎을 만들고 둥글게 다듬는다.

05 5면을 자른 상태

06 꽃잎 안쪽을 조각칼을 사용해 둥글게 돌려 깎는다.

07 꽃잎과 꽃잎 사이를 둥글게 잘라 5잎을 만든다.

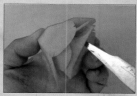

08 꽃잎 안쪽을 같은 방법으로 둥글게 자른다.

09 7과 같이 칼을 세워 꽃잎과 꽃잎 안쪽을 둥글게 자른다.

10 꽃잎 안쪽을 둥글게 돌려깎는다.

11 안쪽으로 비스듬히 돌려깎는다.

12 둥글게 돌려깎은 상태

13 꽃잎과 꽃잎 사이 안쪽으로 비스듬히 자른다.

14 5잎을 자른 상태

15 조각칼을 눕혀서 안쪽을 자른다.

16 꽃잎과 꽃잎 사이를 잘라 5잎을 만든다.

17 안쪽을 돌려서 자른다.

18 완성한 상태

당근 석탑

2단계

제시목록	당근 석탑 사진
지급재료	당근 1개
요구사항	당근을 사용하여 사진과 비슷한 형태의 탑을 완성하시오 (오각형 기둥으로 만들어 응용하여 제시 가능).
제한시간	40분

01 준비물

02 야채칼을 사용해 사각으로 탑의 형태를 자른다.

03 원형 조각칼로 탑의 꼭대기 모양을 만든다.

04 조각칼을 사용해 평평하게 돌려깎는다.

05 조각칼을 사용해 곡선형태(처마 모양)로 자른다.

06 5mm 깊이로 돌아가며 조각칼로 칼집을 넣고 자른다.

07 2mm 굵기 정도로 밑을 잘라 단을 만든다.

08 다시 5와 같이 곡선형태로 도려낸다.

09 6과 같은 방법으로 5mm 깊이로 자른다.

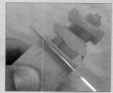

10 7과 같이 옆에서 자른다.

11 7과 같은 방법으로 위에서 잘라 단을 만든다.

12 8과 같이 자른다.

13 길이에 따라 4~12의 과정을 계속 반복한다.

14 두께 1mm, 높이 5mm 정도로 옆면을 자른다.

15 당근 크기에 따라 일정하게 간격을 나눈다.

16 밑쪽과 위쪽에 칼집을 넣어 사이사이를 자른다.

17 밑부분을 적당한 길이로 자른다.

18 크기에 맞는 원형도로 칼집을 넣는다.

19 사진과 같이 계단 모양을 만든다.

20 돌아가면서 벽돌 모양을 만든다.

21 벽돌 모양을 완성한 상태

22 눕혀서 원형도로 사이사이 구멍을 낸다.

23 완성한 상태

당근 청룡 : 머리

2단계

제시목록	당근 청룡 머리 사진
지급재료	당근 1개, 순간접착제
요구사항	당근을 사용하여 사진과 같은 청룡 머리를 완성하시오.
제한시간	30분

154

01 준비물

02 야채칼을 사용해서 한 쪽 면을 자른다.

03 윗부분에 사진과 같이 홈을 판다.

04 입 부분과 분리가 되 도록 사진과 같이 깍는다.

05 앞부분에 이빨을 크게 그릴 수 있게 만든다.

06 바깥쪽은 크게 안쪽은 작게 만든다.

07 코 부분에 주름을 넣 는다.

08 머리 가운데에 위쪽으 로 갈수록 좁아지도록 홈 을 낸다.

09 눈을 크게 그린다.

10 선이 그어진 바깥쪽으 로 비스듬히 자른다.

11 앞에서 본 모습

12 이빨 모양이 뒤쪽으로 휘어지게 만든다.

13 입의 밑부분을 곡선으 로 만든다.

14 뒷부분을 자연스럽게 정리한다.

15 이빨 뒤쪽은 가늘게 만든다.

16 옆부분에 털을 그린다.

17 털 부분의 바깥쪽을 비스듬히 자른다.

18 털의 끝 부분에서 출 발해서 긴 털 모양을 하나 더 만든다.

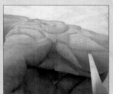

19 곡선이 되게 정리한다.

20 털 부분을 정리한 상태

21 혓바닥은 사진과 같이 자른다.

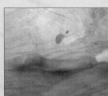

22 손질한 다음 접착제를 바르고 붙인다.

23 조금 두꺼운 뿔 모양이 되도록 당근을 손질한다.

24 가운데를 자르고 변두 리의 각진 부분을 정리한다.

25 완성한 상태

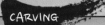

무 독수리

2단계

제시목록	무 독수리 양면사진
지급재료	무 300g
요구사항	주어진 재료를 사용하여 사진과 같은 형태의 독수리 형상을 만드시오.
제한시간	35분

01 준비물

02 무를 사진과 같이 자른다(3×8×16cm 정도).

03 V형도를 사용해 아랫부분부터 독수리 옆모습을 그린다.

04 그림을 완성한 상태

05 조각칼을 사용해 앞뒷면이 동일하도록 평행하게 자른다.

06 조각칼로 잘라 필요없는 부분을 제거한 상태

07 엇갈리는 날개 부분을 제거한다.

08 반대쪽으로 돌려서 엇갈리는 날개 부분을 제거한다.

09 조각칼을 사용해 날개 부분을 반으로 가른다.

10 뒷부분을 안쪽으로 모이도록 비스듬히 홈을 내고 잘라 제거한다.

11 날개 앞부분도 안쪽으로 모이도록 자른 후 제거한다.

12 머리 부분은 사진과 같이 뾰족하게 자른 후 다듬는다.

13 손질하기 편한 방법을 찾아 형상의 모서리를 없앤다.

14 V형도를 사용해 날개 앞쪽에 뼈대를 그린다.

15 깃털 부분을 위에서부터 2줄로 그린다.

16 깃털 끝 부분에 가늘게 뼈대를 만든다.

17 V형도를 사용해 큰 깃털 부분을 곡선으로 만든다.

18 조각칼을 사용해 각 깃털 사이를 앞쪽으로 비스듬히 잘라 제거한다.

19 사진과 같이 위쪽에서 비스듬히 내려 깃털의 한쪽 끝 부분을 제거한다.

20 V형도와 조각칼로 머리 부분을 사진과 같이 만들고 깃털에 잔무늬를 넣는다.

21 V형도를 사용해 발톱 부분을 만든다.

22 반대쪽도 V형도를 사용해 뼈대를 만든다.

23 날개의 깃털도 그린다.

24 날개 부분을 완성한 상태

25 머리와 발톱 꼬리 부분을 만들어 완성한 상태

무 백마

2단계

제시목록	무 백마 사진
지급재료	무 500g
요구사항	주어진 재료를 사용하여 무 백마를 완성하시오.
제한시간	40분

01 준비물

02 무를 사진과 같이 3cm 두께로 자른다.

03 밑그림을 그린다.

04 밑그림을 따라 평행하게 잘라서 제거한다.

05 등 부분(등과 갈기 사이)에 1/3 정도 깊이로 조각칼을 넣어서 자른다.

06 뒤쪽에서 조각칼을 넣어서 떼어 낸다.

07 자른 부분을 제거한다.

08 꼬리와 다리 부분을 그리듯이 자른다.

09 등 부분에 털이 펄럭이는 모양을 만든다.

10 귀와 머리 부분을 다듬는다.

11 다리 부분이 분리되도록 조각칼을 들어서 자른다.

12 다리와 발굽이 자연스럽게 보이도록 손질한다.

13 다리는 안쪽으로 조금 모이게 손질한다.

14 귀 부분 가운데를 잘라 두 귀 모양을 만든다.

15 등 부분의 갈기가 자연스럽게 보이도록 손질한다.

16 다리와 꼬리 부분도 손질하면서 형태를 만든다.

17 발굽을 더 세밀하게 손질한다.

18 갈기털을 V형도로 세밀하게 만든다.

19 털과 꼬리가 펄럭이는 것처럼 보이도록 만든다.

20 조각칼로 눈 부분을 만들어 완성한다.

무 백조

제시목록	무 백조 양면사진
지급재료	무 400g
요구사항	주어진 재료를 사용하여 사진과 같이 백조 모양을 완성하시오.
제한시간	30분

2단계

01 준비물

02 V형도를 사용해 사진과 같이 백조 모양을 그린다.

03 그린 부분을 조각칼로 평행하게 자른다.

04 그림 형태를 평행하게 자른 상태

05 각진 부분을 다듬으면서 모양을 손질한다.

06 사진과 같이 머리 뒤쪽의 각진 부분을 손질한다.

07 양쪽 모두 각진 부분을 손질한다.

08 날개를 두 부분으로 자른다.

09 안쪽으로 모이게 비스듬히 잘라서 제거한다.

10 날개 앞쪽에도 비스듬히 홈을 낸다.

11 비스듬히 잘라서 제거한다.

12 조각칼을 사용해 날개 뼈대 부분을 그린다.

13 조각칼로 깃털 부분 첫 번째 줄을 만든다.

14 깃털을 그린 후 밑부분을 비스듬히 자른다.

15 뼈대 부분부터 시작해서 두 번째 깃털을 만든다.

16 조각칼을 사용해 곡선으로 깃털을 그린다.

17 위에서 아래로 비스듬히 잘라서 깃털 끝 부분을 제거한다.

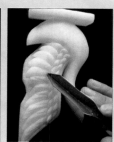

18 V형도를 사용해 깃털의 무늬를 넣는다.

19 V형도로 꼬리 부분에 깃털을 그린다.

20 V형도로 머리 부분을 그린다.

21 조각칼을 사용해 V형도 자국이 있는 곳까지 잘라서 부리를 만든다.

22 V형도로 입을 만든다.

23 반대쪽으로 돌려서 양면이 동일하도록 깃털을 만든다.

24 꼬리 부분을 만든다.

25 완성한 상태

무 잉어

2단계

제시목록	무 잉어 사진
지급재료	무 300g, 통후추 2알
요구사항	주어진 무를 사용하여 사진과 비슷한 잉어 형태를 만드시오.
제한시간	30분

01 준비물

02 V형도를 사용해 형태를 그린다.

03 그린 부분의 바깥쪽을 조각칼로 자른다.

04 지느러미 부분도 자른다.

05 등지느러미 부분에 1/3 정도 깊이의 칼집을 앞뒤로 넣는다.

06 양쪽을 사진과 같이 잘라 제거한다.

07 조각칼을 사용해 각진 부분을 없앤다.

08 지느러미 사이를 잘라 내어 지느러미를 2개로 만든다.

09 조각칼을 사용해 머리 부분을 둥글게 표시한다.

10 비늘을 일정한 간격으로 넣는다.

11 비늘 1줄을 만들고 밑 부분을 제거한 다음 계속 비늘을 만든다.

12 비늘을 완성한 상태

13 V형도를 사용해 꼬리 지느러미를 만든다.

14 등지느러미에 주름을 넣는다.

15 입 부분을 만든다.

16 지느러미에 주름을 넣는다.

17 꼬치를 사용해 홈을 낸 다음 눈을 붙인다.

18 완성한 상태

무 학

2단계

제시목록	무 학 양면사진
지급재료	무 400g, 통후추 2알
요구사항	주어진 재료를 사용하여 학의 형상을 완성하시오 (형태의 변화는 줄 수 있으나 접착제를 사용하면 감점요인이 됨).
제한시간	40분

01 준비물

02 3cm 두께로 밑면과 아랫면이 평행하게 자른다.

03 V형도를 사용해 학의 형상을 그린다.

04 그린 부분의 바깥쪽을 조금 여유를 남기고 평행하게 자른다.

05 몸통과 날개 부분이 분리될 수 있도록 적절히 자른다.

06 다리의 바깥 부분을 자른다.

07 몸통 부분의 모서리를 자른다.

08 날개의 형태가 다르게 보이도록 반 정도 자른다.

09 조각칼을 넣어 날개 부분을 2등분한다.

10 안쪽으로 칼을 비스듬히 눕혀 넣어서 안쪽을 제거한다.

11 다리 부분을 그린다.

12 V형도를 사용해 뼈대 부분을 만든다.

13 V형도를 사용해 깃털을 곡선으로 그린다.

14 날개가 펼쳐지는 것처럼 보이게 그린다.

15 몸통 뒤쪽에 깃털을 그린다.

16 V형도를 뒤쪽에서 넣어 꼬리 부분의 깃털을 그린다.

17 날개의 끝 부분을 만든다.

18 V형도를 사용해 깃털에 무늬를 넣는다.

19 다리와 받침이 분리될 수 있도록 자른다.

20 받침대와 다리 부분을 다듬는다.

21 반대쪽으로 돌려 날개에 뼈대를 만든다.

22 끝 부분을 정리한다.

23 V형도를 사용해 부리를 그린다.

24 꼬치를 사용해 눈 부분을 표시한다.

25 눈을 박아 넣어 완성한다.

165

오이 곤충

제시목록	오이 곤충 사진
지급재료	오이 1/2개, 당근 1/2개, 통후추 2알, 파 5cm, 꼬치 1개
요구사항	주어진 재료를 사용하여 오이 곤충을 완성하시오.
제한시간	20분

2단계

01 준비물

02 U형도를 사용해 날개 부분을 2개 만든다.

03 조각칼을 사용해 날개 부분만 남기고 껍질을 제거한다.

04 옆부분은 자른다.

05 머리 부분을 손질하여 모양을 만든다.

06 날개만 남기고 정리한 상태

07 사진과 같이 머리 부분을 자른다.

08 눈과 입 부분을 만든다.

09 V형도로 배 부분을 표시한다.

10 V형도를 사용해 배에 주름을 만든다.

11 통후추로 눈 부분을 만든다.

12 당근을 5mm 두께로 썬 다음 곡선으로 다리를 만든다.

13 12를 손질한다.

14 꼬치를 사용해 양쪽에 끼운다.

15 파는 얇게 썰어 사진과 같이 만든다.

16 머리 위 홈에 끼운다.

17 완성한 상태

고구마 하회탈

제시목록	고구마 하회탈 사진
지급재료	고구마 1개
요구사항	고구마의 형태를 잘 활용하여 해학적인 느낌이 들도록 만드시오.
제한시간	40분

2단계

01 준비물

02 고깔모자 모양을 만들고 밑 부분의 껍질을 제거한다.

03 얼굴 크기 정도로 껍질을 깎는다.

04 이마 주름과 눈썹을 그린다.

05 눈과 코 부분을 조각칼로 만든다.

06 코 부분을 둥글고 크게 그린다.

07 조각칼을 넣어서 코 부분을 사진과 같이 그린다.

08 입 부분을 만든다.

09 이빨을 그리고 입 부분을 파낸다.

10 조각칼을 눕혀서 입안을 파낸다.

11 완성한 상태로 찬물에 담가 보관한다.

수박 꽃 조각 6

3단계

제시목록	수박 꽃 조각 6 사진
지급재료	수박 1개 or 수박 1/2개
요구사항	주어진 재료를 사용하여 수박 꽃 조각 6을 완성하시오.
제한시간	35분(봉오리 만드는 시간 15분 제외)

01 준비물

02 수박 꽃봉오리 5의 바깥쪽을 6등분한다.

03 6등분한 점 사이 중간을 표시하여 12등분한다.

04 점과 점 사이에 조각칼을 돌려서 2번 둥근 모양을 만든다.

05 가운데 부분을 뾰족하게 만든다.

06 사진과 같은 방법을 반복하여 꽃잎 무늬를 만든다.

07 12부분을 같은 모양으로 만든다.

08 꽃잎 무늬를 따라 곡선으로 꽃잎을 그린다.

09 12부분의 꽃잎을 곡선으로 그린다.

10 꽃잎의 끝과 끝을 연결하여 옆부분을 자른다.

11 꽃잎과 꽃잎 사이에 사진과 같은 무늬를 만든다.

12 꽃잎을 사진과 같이 그린다.

13 꽃잎 끝에서 끝까지 옆부분을 자른다.

14 꽃잎과 꽃잎 사이에 사진과 같은 꽃잎 무늬를 만든다.

15 꽃잎을 한 바퀴 만든 상태

16 사진과 같이 봉오리 모양을 그린다.

17 봉오리 모양을 만든다.

18 조각칼을 비스듬히 눕혀서 곡선 앞부분을 자른다.

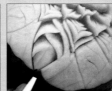

19 끝 부분은 양쪽으로 비스듬히 자른다.

20 봉오리 모양의 양쪽을 둥글게 도려낸다.

21 12부분을 모두 만든다.

22 수박 껍질 안쪽에 사진과 같이 잎사귀 무늬를 만든다.

23 꽃잎 주변으로 잎 모양을 끼운다.

24 완성한 상태

수박 꽃 조각 7

3단계

제시목록	수박 꽃 조각 7 사진
지급재료	수박 1개 or 수박 1/2개
요구사항	주어진 재료를 사용하여 수박 꽃 조각 7을 완성하시오.
제한시간	60분(봉오리 만드는 시간까지 포함)

01 준비물

02 봉오리 바깥으로 사진과 같이 3번 굴곡을 만든다.

03 2에서 그린 바깥 부분을 따라 잘라 제거한다.

04 첫 번째 꽃잎에 살짝 걸치게 해서 꽃잎을 그린다.

05 2번째 꽃잎에 살짝 걸치도록 3번째 꽃잎을 그린다.

06 5의 옆쪽을 비스듬히 자른다.

07 5잎이 비슷한 비율이 될 수 있도록 1바퀴를 만든다.

08 꽃잎과 꽃잎 사이를 3겹으로 자른다.

09 자른 부분을 따라서 꽃잎을 그린다.

10 꽃잎이 살짝 걸치게 그린다.

11 5잎이 될 수 있도록 1바퀴 돌린 다음 뒷부분을 비스듬히 자른다.

12 자른 부분을 제거한다.

13 꽃잎과 꽃잎 사이에 3겹 꽃잎을 한 번 더 그린다.

14 3겹으로 만든 다음 자른 부분을 제거한다.

15 꽃잎에 걸치게 작은 봉오리를 그린다.

16 안쪽과 바깥쪽 부분을 자른다.

17 옆에 있는 꽃에 걸치게 봉오리 모양을 만든다.

18 꽃잎을 그리고 잘라서 봉오리 모양을 만든다.

19 봉오리를 하나 더 완성한 상태

20 큰 꽃에 걸치게 같은 모양의 꽃잎을 만든다.

21 꽃잎을 한 겹 더 만든다.

22 큰 꽃잎과 작은 꽃잎에 걸치게 새 봉오리를 만든다.

23 3번째 꽃을 완성한 상태

24 4번째 꽃을 완성한 상태

25 5번째 꽃을 완성한 상태

26 6번째 꽃을 완성한 상태

27 7번째 꽃을 완성한 상태

28 조각칼로 꽃 주변에 꽃잎 모양을 만든다.

29 꽃잎 주변으로 무늬를 넣는다.

30 조각칼이나 V형도로 주변을 잘라서 마무리한다.

수박 꽃 조각 8

제시목록	수박 꽃 조각 8 사진
지급재료	수박 1개 or 수박 1/2개
요구사항	주어진 재료를 사용하여 수박 꽃 조각 8을 완성하시오.
제한시간	35분(봉오리 만드는 시간 제외)

3단계

01 준비물

02 수박 꽃봉오리 1

03 꽃잎을 만들 수 있게 8부분으로 나눈다.

04 꽃잎을 곡선으로 자연스럽게 그린다.

05 안쪽 부분을 둥근 형태로 자연스럽게 보일 수 있도록 파낸다.

06 꽃잎과 꽃잎 사이에 사진과 같이 하트 모양 윗부분을 만든다.

07 하트 모양 윗부분을 만든 상태

08 사진과 같이 하트 모양을 그린다.

09 안쪽 부분을 가운데로 모이게 해서 자른다.

10 안쪽 부분을 자른 상태

11 사진과 같이 잘라서 제거한다.

12 하트 모양 윗부분을 만든 상태

13 사진과 같이 하트 모양을 그린다.

14 하트 모양 안쪽 부분을 자른다.

15 자른 부분을 제거한다.

16 하트 모양 윗부분을 만든다.

17 자른 부분은 제거한다.

18 3번째 줄 하트 모양을 만든다.

19 안쪽 부분을 제거한다.

20 4번째 줄 하트 모양의 윗부분을 만든다.

21 하트 모양 윗부분을 만든 상태

22 하트 모양을 그린다.

23 안쪽 부분을 제거한다.

24 5번째 줄 하트 모양 윗부분을 그린다.

25 자른 부분을 제거한다.

26 안쪽 부분을 잘라서 제거한다.

27 모양 낸 주변을 잘라 정리한다.

28 조각칼을 사용해 주변에 V자 모양을 낸다.

29 수박 껍질로 줄기 모양을 만들어 끼운다.

30 완성한 상태

수박 꽃 조각 9

제시목록	수박 꽃 조각 9 사진
지급재료	수박 1개 or 수박 1/2개
요구사항	주어진 재료를 사용하여 수박 꽃 조각 9의 형태를 완성하시오.
제한시간	60분

3단계

01 수박에 원형을 크게 그리고 안쪽 부분을 조각칼을 눕혀서 둥글게 제거한다.

02 바깥 부분도 조각칼을 눕혀서 제거한다.

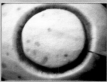

03 원 바깥쪽을 16등분하여 꽃잎 그릴 위치를 표시한다.

04 꽃잎을 곡선으로 그린다.

05 꽃잎의 안쪽 부분을 제거한다.

06 조각칼을 눕혀서 꽃잎과 꽃잎 사이를 자른 후 제거한다.

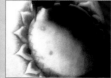

07 안쪽 봉오리: 꽃잎 하나에 2개의 작은 봉오리 모양을 만든다.

08 모양 낸 부분만 남기고 주변을 비스듬히 자른 후 제거한다.

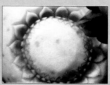

09 봉오리 꽃잎과 꽃잎 사이에 사진과 같이 새 꽃잎을 만든다.

10 사진과 같이 작은 꽃잎 안쪽을 둥글게 자른다.

11 사진과 같이 흰 부분을 둥글게 파낸다.

12 흰 부분을 대부분 제거한다.

13 봉오리 꽃잎과 꽃잎 사이에 비스듬히 그린다.

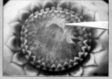

14 안쪽 부분을 비스듬히 잘라 제거한다.

15 수박 속은 연하므로 조심해서 제거한다.

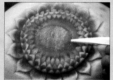

16 조각칼을 돌려서 안쪽 부분을 파낸다.

17 파낸 부분을 제거한다.

18 꽃봉오리의 잎과 잎 사이에 새 꽃봉오리 잎을 만든다.

19 조각칼을 눕혀서 돌려가며 자른다.

20 안쪽으로 모이게 꽃봉오리 잎을 작게 만든다.

21 조각칼을 최대한 활용할 수 있을 때까지 봉오리 잎을 만든다.

22 바깥쪽 꽃잎보다 조금 더 크게 새 꽃잎을 만든다.

23 조각칼을 눕혀서 꽃잎과 꽃잎 사이를 자른다.

24 사진과 같이 지그재그로 조각칼을 움직여 꽃잎을 만든다.

25 꽃잎 안쪽을 둥글게 파낸다.

26 꽃잎과 꽃잎 사이를 잘라서 제거한다.

27 꽃잎을 사진과 같이 만든다.

28 조각칼을 눕혀서 꽃잎과 꽃잎 사이를 자른다.

29 꽃잎을 지그재그로 한 번 만들고 밑부분을 제거한다.

30 수박 껍질로 줄기 모양을 만들어 꽃잎 사이에 끼워 완성한다.

수박 카빙 2(세계식의연구소)

3단계

제시목록	수박에 글자를 새기고 꽃을 조각한 작품 사진
지급재료	수박 1개 or 1/2개, 종이에 프린트한 글자 1장, 스카치 테이프
요구사항	주어진 재료를 사용하여 수박 글자를 새기고 꽃 조각 작품을 완성하시오.
제한시간	90분

01 준비물

02 종이에 프린트한 글자를 테이프로 붙이고 조각칼로 새긴다.

03 수박에 글자를 새긴 상태

04 조각칼을 눕혀서 글자 주위를 파낸다.

05 주위를 둥글게 벗겨내고 원형 몰드를 사용해 봉오리 모양을 표시한다.

06 안쪽과 바깥쪽을 파낸다.

07 사진과 같이 2겹으로 새기고 옆부분을 파낸다.

08 1/3 정도 걸치도록 그려서 비스듬히 자른다.

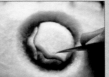

09 칼을 세워서 그리고 7과 같이 파낸다.

10 7~9와 같은 작업을 반복하여 1겹을 만든다.

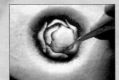

11 안쪽에 1겹 더 만든다.

12 같은 방법을 반복하여 사진과 같은 봉오리 형태를 만든다.

13 사진과 같이 꽃잎 모양을 그리고 비스듬히 자른 다음 제거한다.

14 사진과 같이 칼을 세워서 그린다.

15 옆부분을 비스듬히 자른 다음 제거한다.

16 사진과 같이 꽃을 만든다.

17 꽃잎이 2겹이 될 수 있도록 만든다.

18 마지막 꽃잎은 끝을 뾰족하게 만든다.

19 사진과 같이 꽃잎 5장을 만든다.

20 글자 위에도 봉오리 모양을 표시한다.

21 사진과 같이 꽃을 조각한다.

22 글자 밑에 그린 꽃과 동일하게 조각한다.

23 줄기 모양을 그리고 사진과 같이 앞쪽으로 비스듬히 자른다.

24 줄기 모양을 내고 옆부분을 잘라서 줄기가 도드라지게 만든다.

25 밑부분에도 줄기 모양을 만든다.

26 글자 사이사이에 줄기 모양을 만든다.

27 V형도로 꽃봉오리 주위를 자른다.

28 조각칼을 사용해 V형도로 자를 수 없는 부분을 자른다.

29 사진과 같이 수박 껍질을 활용해 줄기 모양을 만든다.

30 꽃봉오리 조각 사이사이에 끼워 완성한다.

단호박 얼굴 형상

3단계

제시목록	단호박 얼굴 형상 사진
지급재료	단호박 1개
요구사항	주어진 재료를 사용하여 단호박 얼굴형을 완성하시오.
제한시간	50분

01 준비물

02 U형도를 사용해 안경 부분을 만든다.

03 주변의 껍질을 깎는다.

04 얼굴 형태를 만들 수 있도록 밑으로 길게 깎는다.

05 조각칼을 사용해 눈썹 부분을 도톰하게 만든다.

06 사진과 같이 잔무늬를 넣는다.

07 양쪽 비율이 맞도록 무늬를 넣는다.

08 코 부분을 그리고 손질한다.

09 얼굴에 주름을 그린다.

10 볼에 주름을 만든다.

11 단호박을 세울 수 있게 반대쪽 아랫면을 자른다.

12 자른 부분을 손질하여 사진과 같이 안경다리를 붙인다.

13 입 부분을 표시한다.

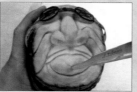

14 칼을 비스듬히 눕혀 입안을 손질한다.

15 이빨 모양을 만든다.

16 이빨을 하나씩 만든다.

17 입술 형태도 만들고 전체적으로 손질하여 마무리한다.

18 완성한 상태

당근 청룡 : 몸통, 지느러미, 다리, 꼬리 만들어 완성

제시목록	당근 청룡 사진
지급재료	당근 15개, 접착제, 무 3개
요구사항	주어진 재료를 사용하여 당근 청룡의 몸통, 다리, 지느러미, 꼬리를 만들어 완성하시오.
제한시간	100분

01 준비물

02 접착제로 당근을 곡선으로 이어 붙인다.

03 필러를 사용해 연결된 부분을 자연스럽게 만든다.

04 조각칼이나 V형도로 등과 배를 구분한다.

05 조각칼이나 V형도로 배 부분의 모양을 만든다.

06 머리 부분과 크기를 가늠해 본다.

07 등 가운데 V형도로 홈을 만든다.

08 등 전체에 홈을 만든 상태

09 사진과 같이 비늘을 그리고 밑부분을 비스듬히 자른다.

10 곡선 부분이 자연스럽게 보일 수 있도록 비늘을 계속 만든다.

11 5mm 두께로 당근을 잘라 사진과 같이 긴 지느러미를 만든다.

12 등 부분의 홈에 들어갈 수 있도록 가장자리를 비스듬히 자른다.

13 당근 하나로 다리 모양을 만든다.

14 다리 부분을 구분한다.

15 중간 정도 위치에 조각칼로 홈을 낸다.

16 평칼이나 조각칼로 발톱을 만든다.

17 조각칼을 사용해 안쪽을 자른다.

18 발과 발톱 모양을 만든다.

19 U형도로 가운데를 돌려서 둥글게 만든다.

20 발과 발톱 모양을 만든 상태

21 조각칼로 다리를 손질하고 필러로 다듬는다.

22 다리 위쪽에 몸통 비늘과 비슷한 방법으로 비늘을 만든다.

23 조각칼이나 V형도로 주름을 길게 만든다.

24 앞다리는 크게 뒷다리는 조금 작게 하여 총 4개를 만든다.

25 무는 손질하여 받침대로 활용한다.

26 무로 만든 받침대에 접착제를 사용해 몸통을 붙인다.

27 앞다리와 뒷다리를 붙인다.

28 지느러미를 홈에 끼운다.

29 끝 부분에는 위아래에 지느러미를 붙인다.

30 V형도를 사용해 꼬리 부분의 깃털을 그리고 붙여 완성한다.

호박 카빙 : 원앙 2마리

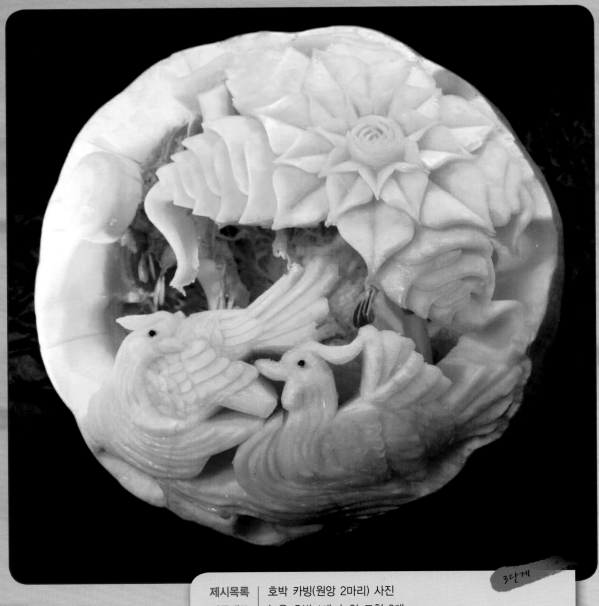

3단계

제시목록	호박 카빙(원앙 2마리) 사진
지급재료	늙은 호박 1개, 눈알 모형 2개
요구사항	주어진 재료를 사용하여 사진과 같은 형태의 작품을 완성하시오.
제한시간	60분

01 준비물

02 필러를 사용해 호박 껍질을 벗긴다.

03 껍질을 벗긴 상태

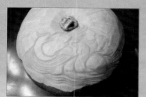

04 V형도를 사용해 원앙을 2마리 그린다.

05 U형도나 원형 몰드를 사용해 꽃봉오리를 만든다.

06 만들고 싶은 꽃 모양을 사진과 같이 만든다.

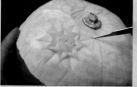

07 꽃잎의 무늬를 만들고 꽃잎을 조각칼로 그린다.

08 꽃잎을 3겹으로 만든 상태

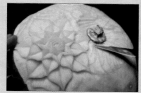

09 줄기 모양을 그리고 조각칼을 눕혀 자른다.

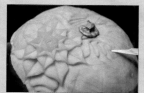

10 여러 겹 만들어서 비스듬히 자른다.

11 줄기 모양을 3개 정도 만든 다음 옆부분을 잘라 도드라지게 한다.

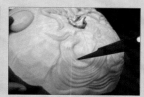

12 조각칼을 사용해 4의 원앙을 세밀하게 새기고 옆부분을 파낸다.

13 원앙 눈 부분에 눈알 모형을 박는다.

14 사진과 같이 원앙을 새기고 옆부분을 잘라 모양이 도드라지게 만든다.

15 옆부분에 원앙 한 마리를 더 만든다.

16 원앙 사이사이를 잘라 제거한다.

17 U형도를 사용해 밑부분을 둥글게 돌려 파낸다.

18 조각칼을 사용해 꽃, 원앙, 달 모양만 남기고 잘라 제거한다.

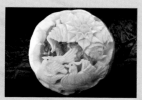

19 완성한 상태

호박 카빙 : 봉황

3단계

제시목록	호박 카빙(봉황) 사진
지급재료	늙은 호박 1개, 눈알 모형 1개
요구사항	주어진 재료를 사용하여 호박 카빙(봉황)을 완성하시오.
제한시간	50분

01 준비물

02 필러를 사용해 호박 껍질을 벗긴다.

03 조각칼을 깊이 넣어 꼭지 부분을 도려낸다.

04 제거한다.

05 V형도를 사용해 봉황을 그린다.

06 봉황과 달을 그린 상태

07 봉황 모양을 조각칼로 자른다.

08 눈을 붙이고 구름을 길게 그려 봉황이 구름에 걸치도록 한다.

09 조각칼을 사용해 머리와 목의 깃털을 그리고 다듬는다.

10 날개에 깃털을 세밀하게 만든다.

11 U형도로 속깃털의 무늬를 만든다.

12 꼬리 부분을 휘어지게 그리고 깃털을 그린다.

13 그린 부분의 옆을 비스듬히 잘라 도드라지게 한다.

14 발톱이 닿는 부분에 꽃을 하나 만든다.

15 줄기를 입체감 있게 만든다.

16 봉황의 몸이 줄기에 자연스럽게 얹히도록 만든다.

17 전체적으로 손질하여 완성한 상태

호박 카빙 : 나무 위에 앉은 원앙 2마리

3단계

제시목록	호박 카빙(나무 위에 앉은 원앙 2마리) 사진
지급재료	늙은 호박 1개, 눈알 모형 2개
요구사항	주어진 재료를 사용하여 나무 위에 앉은 원앙 2마리를 완성하시오.
제한시간	60분

01 호박 껍질을 벗긴 다음 꼭지를 제거하고 밑그림을 그린다.

02 가운데 부분에 꽃 모양을 조각한다.

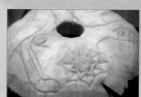

03 카빙한 부분이 돌출하도록 밑부분을 자른다.

04 밑그림 부분을 조각칼로 도려내고 원형 조각칼로 눈 부분을 조각한다.

05 눈알 모형을 눈 부분에 끼워 완성한다.

06 그림의 전체적인 형태를 다듬는다.

07 사진과 같이 깃털을 만든다.

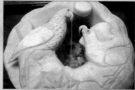

08 원앙의 발 부분과 전체적인 윤곽을 확인한다.

09 원앙의 날개 부분을 그린다.

10 한쪽 방향으로 자른다.

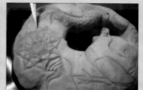

11 가운데 꽃 모양 주변에 줄기 모양을 그린다.

12 V형도를 사용해 꼬리 부분을 그린다.

13 조각칼을 사용해 꼬리 부분을 다듬는다.

14 꽃 모양과 줄기가 도드라지게 주변을 도려낸다.

15 다른 한 마리 원앙의 깃털을 그린다.

16 날개 부분도 자연스럽게 곡선으로 그린다.

17 V형도를 사용해 꼬리 부분이 위로 향하게 그린다.

18 조각칼을 사용해 주변을 V자 모양으로 만든다.

19 새의 발 부분과 나무 등을 다듬는다.

20 완성한 상태

호박 카빙 : 독수리

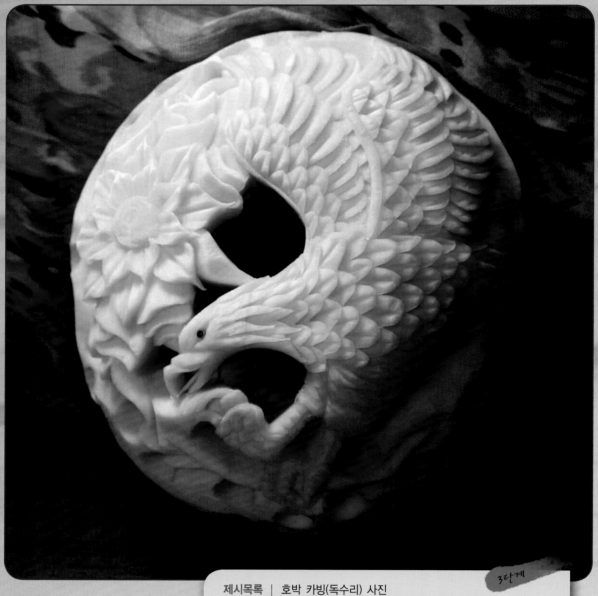

3단계

제시목록	호박 카빙(독수리) 사진
지급재료	늙은 호박 1개, 눈알 모형 1개
요구사항	주어진 재료를 사용하여 호박 카빙(독수리) 형태를 완성하시오.
제한시간	70분

01 준비물

02 필러를 사용해 껍질을 제거한다.

03 V형도를 사용해 밑그림을 그린다.

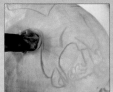
04 꼭지 부분을 제거한다.

05 날개 부분을 2개로 나눈다.

06 독수리 머리와 발, 발톱을 만든다.

07 얼굴 주변에 깃털을 만들고 옆부분을 제거한다.

08 사진과 같이 날개의 깃털을 그린다.

09 날개 끝 부분을 곡선으로 그린다.

10 그린 부분 앞쪽을 비스듬히 자른다.

11 머리와 목의 깃털을 만든다.

12 깃털 사이에 조각칼로 모양을 낸다.

13 꼬리 부분을 그린다.

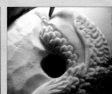
14 반대편 날개를 만든다.

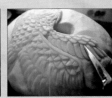
15 조각칼이나 V형도로 깃털의 무늬를 만든다.

16 끝 부분의 깃털은 길게 곡선으로 만든다.

17 날개를 완성한 상태

18 다리 부분의 깃털을 사진과 같이 만든다.

19 앞쪽에 꽃봉오리를 만든다.

20 꽃잎을 만든다.

21 꽃잎을 완성하고 옆부분을 비스듬히 자른다.

22 다리로 잡고 있는 나뭇가지를 만든다.

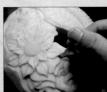
23 줄기 모양을 만든다.

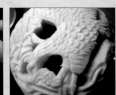
24 카빙한 주변을 U형도나 조각칼로 자른다.

25 꽃 주변으로 불빛이 새어나올 수 있게 U형도로 구멍을 만들어 완성한다.

호박 카빙 : 꽃과 봉황

3단계

제시목록	호박 카빙(꽃과 봉황) 사진
지급재료	호박 1개, 눈알 모형 1개
요구사항	주어진 재료를 사용하여 호박 카빙(꽃과 봉황)을 완성하시오.
제한시간	80분

01 준비물

02 봉황의 형태를 그려가면서 껍질을 벗긴다.

03 봉황을 그려나간다.

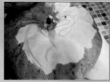
04 날개 부분의 형태를 그린다.

05 줄기 부분 주변은 그림을 따라 제거한다.

06 줄기 앞쪽으로 봉오리 모양을 만든다.

07 봉오리 모양을 만든다.

08 꽃잎 무늬를 그린다.

09 무늬를 따라서 꽃잎을 그린다.

10 꽃잎을 그린 밑부분을 제거한다.

11 꽃잎과 꽃잎 사이에 무늬를 만든다.

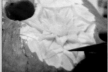
12 꽃잎 밑부분을 따라서 비스듬히 자른다.

13 꽃과 봉황 형태가 자연스럽게 연결될 수 있도록 한다.

14 U형도나 조각칼을 사용해 깃털을 만든다.

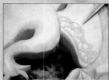
15 깃털과 깃털 사이에 두 번째 깃털을 만든다.

16 조금 더 긴 깃털을 그린다.

17 깃털을 한 줄 만든 상태

18 아래쪽 깃털을 사진과 같이 만들고 목 부분에서 깃털을 만든다.

19 사진과 같이 깃털을 만들어나간다.

20 위로 뻗친 날개를 만들어나간다.

21 날개의 깃털을 조금 더 길게 만든다.

22 껍질 부분과 어울리게 U형도와 조각칼을 사용해 사진과 같이 만든다.

23 V형도를 사용해 깃털의 무늬를 만든다.

24 윗부분도 껍질과 어울리게 사진과 같이 만들어나간다.

25 봉황과 꽃 모양을 어느 정도 완성한 상태

26 줄기 모양도 껍질과 어울리게 만든다.

27 줄기 모양이 봉황과 잘 어울리게 만들어나간다.

28 안에서 불빛이 세어 나올 수 있게 U형도로 도려낸다.

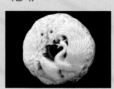
29 완성한 상태

호박 카빙 : 글자 새기기와 꽃 장식

제시목록	호박 카빙(글자 새기기와 꽃 장식) 사진
지급재료	호박 1개, 호박에 새길 글자(1장), 스카치 테이프
요구사항	주어진 재료를 사용하여 호박 카빙(글자 새기기와 꽃 장식)을 완성하시오.
제한시간	70분

3단계

다른 형태의 카빙 사진

01 준비물

02 글자를 스카치 테이프로 붙이고 조각칼을 사용해 글자를 새기고 떼어낸다.

03 조각칼을 비스듬히 눕혀서 글자 주변을 파낸다.

04 껍질을 깎는다.

05 U형도를 사용해 위쪽과 아래쪽 부분을 물결 모양으로 자른다.

06 야채칼을 사용해 나머지 껍질을 제거한다.

07 물결 무늬 주변으로 V형도를 사용해 곡선을 그린다.

08 원형 몰드를 사용해 봉오리 모양을 만들고 양쪽으로 비스듬히 자른다.

09 비스듬히 2번 굴곡을 주고 잘라 제거한다.

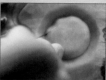

10 자른 부분을 따라서 곡선으로 그린다.

11 그린 부분의 옆을 비스듬히 자른다.

12 자른 부분을 제거한다.

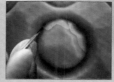

13 1/3정도 지점부터 2번 굴곡을 주고 자른 후 제거한다.

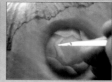

14 꽃잎이 자연스럽게 연결되도록 한다.

15 봉오리 모양을 완성한 상태

16 꽃잎을 3겹으로 만들고 꽃잎을 만들어나간다.

17 5번째 꽃잎이 자연스럽게 연결되도록 자른 후 제거한다.

18 무늬 주변으로 꽃잎을 그린다.

19 꽃잎 옆부분을 비스듬히 잘라서 제거한다.

20 2번째 줄의 꽃잎을 조금 더 크게 비스듬히 자른다.

21 자른 부분을 제거한다.

22 자른 부분을 따라서 꽃잎을 그린다.

23 그린 부분 옆을 비스듬히 자른다.

24 꽃잎을 그리고 옆을 잘라 1개의 꽃잎을 마무리한다.

25 꽃잎이 걸치게 봉오리 모양을 그린다.

26 봉오리 모양 안쪽을 만들고 꽃잎을 옆의 꽃잎에 걸치게 만든다.

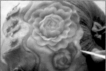

27 꽃잎 옆부분을 비스듬히 잘라 제거한다.

28 같은 방법으로 옆부분에 겹치게 꽃을 만든다.

29 반대편에도 꽃을 만들기 위해 봉오리를 만든다.

30 줄기 모양을 밑으로 늘어지게 그린다. 끝 부분은 휘어지게 그린다.

31 그린 부분 안쪽을 비스듬히 잘라나간다.

32 끝 부분은 양쪽을 비스듬히 자른다.

33 줄기 부분이 도드라지게 옆부분을 자른다.

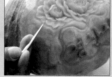

34 반대쪽도 대칭이 되게 줄기 모양을 만든다.

35 아래쪽에 줄기 형태를 만든다.

36 V형도와 조각칼을 사용해 줄기 모양을 만든다.

37 뒤쪽 부분에 구멍을 내서 숟가락으로 속을 파낸다.

38 U형도를 사용해 꽃잎 주변을 파낸다.

39 글자 모양을 돌출되게 하고 오래 전시해야 할 시에는 접착제로 살짝 붙인다.

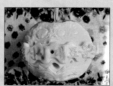

40 완성한 상태

당근 봉황

3단계

제시목록	당근 봉황 사진
지급재료	당근 6개, 접착제, 생강 1개, 무 1개
요구사항	주어진 재료를 사용하여 당근 봉황을 완성하시오.
제한시간	100분

01 준비물

02 사진과 같이 당근의 양쪽을 자른다.

03 V형도를 사용해 봉황 머리와 몸통을 그리고 조각칼을 사용해 자른다.

04 자른 부분의 모서리를 손질한다.

05 부리 부분을 다듬는다.

06 전체적으로 다듬는다.

07 U형도를 사용해 입안을 만든다.

08 눈 부분을 그린 후 안쪽을 사선으로 파낸다.

09 봉황의 볏을 만들어 접착제로 붙인다.

10 다듬으면 곡선이 되도록 몸통 부분을 붙인다.

11 필러를 사용해 다듬는다.

12 V형도와 U형도를 사용해 깃털을 길게 만든다.

13 조각칼을 사용해 깃털 밑부분을 잘라서 깃털이 도드라지게 한다.

14 조각칼을 사용해 몸통의 깃털을 그린 다음 깃털과 깃털 사이를 자른다.

15 V형도로 꼬리 부분 깃털을 만든다.

16 당근을 5mm 두께로 자른 후 날개를 그려 자른다.

17 사진과 같이 앞부분에 뼈대를 그리고 옆쪽을 자른다.

18 V형도를 사용해 깃털을 2겹으로 만든다.

19 V형도로 끝 부분 깃털을 만들고 마지막 깃털을 앞쪽으로 비스듬히 1겹씩 자른다.

20 끝 부분을 위에서부터 내려서 깃털의 끝을 완성한다.

21 V형도를 사용해 날개 2개에 깃털을 세밀하게 그려 완성한다.

22 사진과 같이 잘라 속 깃털로 사용한다.

23 22를 얇게 반 자르고 사진과 같이 곡선으로 만든다.

24 U형도를 사용해 무늬를 만든다.

25 꼬리 깃털을 가늘게 만든다.

26 사진과 같이 자른 다음 붙여서 꼬리 깃털로 사용한다.

27 꼬리 깃털을 그린다.

28 V형도로 무늬를 만들어 3개를 완성한다.

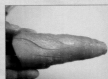

29 당근을 사진과 같이 그려서 다리로 활용한다.

30 다듬어서 다리 모양을 만든다.

31 V형도를 사용해 다리의 굴곡을 만든다.

32 각각 다른 모양으로 다리 2개를 완성한다.

33 조각칼을 사용해 무에 무늬를 만든다.

34 받침대를 완성한 상태

35 날개 부분을 접착제로 붙인다.

36 속 깃털을 붙인다.

37 꼬리 깃털을 붙인다.

38 가는 꼬리와 다리 부분을 자연스럽게 보일 수 있도록 붙인다.

39 무로 만든 받침대에 꼬치를 사용해 붙인다.

40 완성한 상태

당근 비룡 : 머리

3단계

제시목록	당근 비룡 머리 사진
지급재료	당근 3개, 접착제
요구사항	주어진 재료를 사용하여 당근 비룡 머리를 완성하시오.
제한시간	30분

01 준비물

02 당근의 양쪽을 자른다.

03 필러를 사용해 자른 모서리를 앞으로 쓸어내리 듯이 밀어 손질한다.

04 조각칼로 1cm 가량 홈을 내고 앞쪽에서 곡선 으로 자른 다음 다듬는다.

05 조각칼로 코 부분을 반 원 모양으로 그린 다음 그린 부분까지만 옆쪽에서 자른다.

06 V형도를 사용해 콧등 무늬를 만든다.

07 U형도로 코 부분을 만든다.

08 사진과 같이 입 부분 을 곡선으로 그려나간다. 반대쪽도 똑같이 그린다.

09 조각칼을 눕혀서 비스 듬히 자른다.

10 어금니 하나를 크게 그리고 조각칼을 눕혀 어 금니 주변을 자른다.

11 밑부분을 비스듬히 도려낸 다음 사진과 같이 곡선 무늬를 그린다.

12 조각칼을 눕혀서 곡선 주변을 파낸다.

13 파낸 상태. 반대편도 똑같이 만든다.

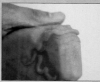

14 사진과 같이 잇몸을 그린 다음 밑부분을 제거한다.

15 양쪽 이빨을 크게 그리고 가운데 2개는 작게 그린다.

16 조각칼을 사선으로 넣어서 자른다.

17 이빨 크기 정도만 남기고 위아래를 자른다.

18 사진과 같이 아래쪽 잇몸을 그린다.

19 잇몸 밑부분을 비스듬히 자른다.

20 아랫니 2개를 그린다.

21 조각칼을 눕혀서 자른다.

22 위아래 앞니가 완성된 상태에서 정확히 이빨 크기 정도만 남기고 자른다.

23 V형도를 사용해 이빨을 만든다.

24 U형도를 사용해 입안을 만든다.

25 머리 윗부분을 사진과 같이 양분하고, 옆쪽을 비스듬히 파낸다.

26 사진과 같이 눈을 그리고 안쪽을 비스듬히 파낸다.

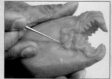

27 사진과 같이 볼의 근육을 그리고 다듬어서 만든다.

28 작은 깃털을 사진과 같이 날카롭게 그린다.

29 조각칼을 눕혀서 옆부분을 다듬는다.

30 튀어나온 깃털 사이를 조각칼을 돌려가며 다듬는다.

31 머리 부분을 사진과 같이 곡선으로 그려서 굴곡을 만든다.

32 밑부분을 비스듬히 자른다.

33 짧은 깃털 사이사이에 긴 깃털을 그린다.

34 깃털 밑부분을 자른다.

35 각진 부분을 다듬는다.

36 V형도로 코 부분을 나눈다.

37 접착제로 뿔을 붙인다.

38 혀를 곡선으로 길게 만들어 붙인다.

39 접착제로 긴 깃털을 곡선으로 만들어 자연스럽게 붙인다.

40 긴 코털을 2개 만들어 붙여 완성한다.

당근 비룡 : 다리, 지느러미, 꼬리

3단계

제시목록	당근 비룡 승천 사진(다리, 지느러미, 꼬리가 포함된 사진)
지급재료	당근 6개
요구사항	주어진 재료를 사용하여 비룡 다리 4개(앞, 뒤), 지느러미 1개, 꼬리 1개를 완성하시오.
제한시간	60분

01 준비물

02 사진과 같이 자른다.

03 양쪽을 비스듬히 자른다.

04 앞쪽을 비스듬히 잘라서 제거한다.

05 사진과 같이 다리 모양을 그린다.

06 조각칼을 사용해 도려 낸다.

07 다리 부분을 만들 수 있게 다듬는다.

08 발 모양을 그린다.

09 그린 부분만 남기고 다듬는다.

10 V형도로 다리와 발톱 부분을 분리한다.

11 조각칼을 사용해 발톱 안쪽을 자른다.

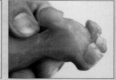

12 발톱 부분이 남은 상태

13 조각칼을 사용해 양쪽을 뾰족하게 다듬는다.

14 밑부분의 발톱도 손질한다.

15 V형도로 발톱에 주름을 만든다.

16 사진과 같이 근육을 만든다.

17 밑에서부터 비늘을 만든다.

18 그린 비늘의 밑부분을 잘라내며 비늘을 계속 만든다.

19 V형도로 발바닥에 주름을 만든다.

20 발톱 사이사이에 주름을 만든다.

21 반대쪽도 비늘을 만들어 앞다리 2개를 완성한다.

22 뒷다리를 그린다.

23 그린 부분을 자른다.

24 곡선을 없앤다.

25 발밑에도 곡선을 없앤다.

26 발톱을 만든다.

27 비늘을 만든다.

28 V형도로 주름을 만든다.

29 반대쪽도 비늘을 만들어 뒷다리 2개를 완성한다.

30 당근을 5mm 두께로 자른다.

31 사진과 같이 지느러미를 긴 것 1개, 짧은 것 2개를 이어지게 만든다.

32 접착제로 붙일 수 있게 양쪽을 뾰족하게 손질한다.

33 조각칼을 사용해 꼬리 부분을 사진과 같이 자르고 곡선을 다듬는다.

34 V형도로 양쪽에 깃털 무늬를 넣는다.

35 꼬리 깃털을 완성한 상태

당근 비룡 : 몸통 만들기와 완성

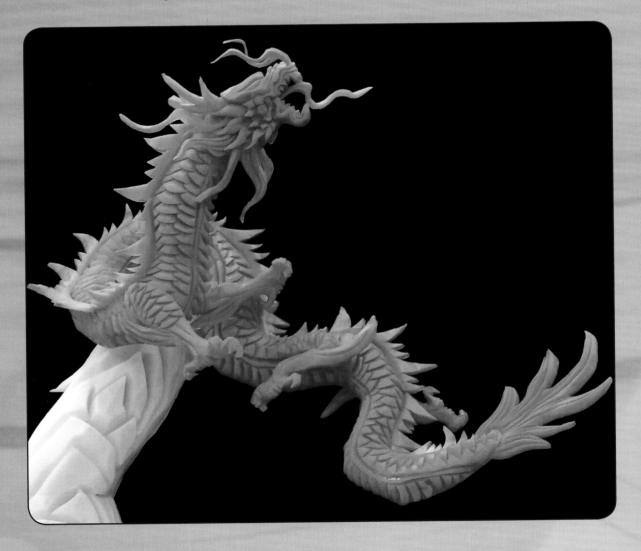

3단계

제시목록	당근 비룡 승천 사진
지급재료	당근 10개, 접착제, 무 2개, 굵은 꼬치 2개
요구사항	주어진 재료를 사용하여 당근 비룡 몸통을 만들고 머리, 다리, 지느러미, 꼬리를 붙여 완성하시오.
제한시간	70분

참고문헌

- 김미리 외, 식품재료학, 파워북, 2011
- 김은영 외 4인, 카빙 길라잡이, 가람북스, 2010
- 김기진, 정우석, 김기철, 푸드카빙데코레이션마스터, 코스모스, 2012
- 김기진, 전문조리사를 위한 카빙 데코레이션 야채조각 과일조각, 2008
- 김현룡, 이준엽, 푸드아트(FOOD ART), 대왕사, 2007
- 스즈키 마리, 쉽게 배우는 귀여운 동물 드로잉, 한스미디어, 이은정, 2012
- 유경민, 전문조리사를 위한 야채 및 과일조각, 디자인 국일, 2006
- 이현세, 동물 드로잉1, 다섯수레, 2004
- 잭햄, 동물드로잉 해법, 송정문화사, 1995
- 정우석, 전문조리인을 위한 과일·야채조각 105가지, 백산출판사, 2008
- 최송산, 식품조각, 도서출판 효일, 2007
- 최은선, 쉽게 배우는 식품조각 : 전문 레스토랑 특급 셰프의 식품조각 노하우 따라잡기, 도서출판 효일, 2012
- 황선필, 수박과일조각1, 토파민, 2005
- 황선필, 야채과일조각2, 토파민, 2006
- 홍진숙 외, 식품재료학, 교문사, 2012

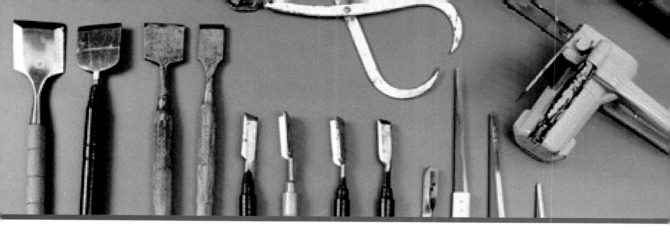

· 陈洪波 · 编著, 综合食雕, 广东经济出版社, 2005
· 陳肇豐 · 周振文, 創意蔬果切雕盤飾, 暢文出版社, 2006
· 鄭衍基, 蔬果切雕與盤飾, 暢文出版社, 2007

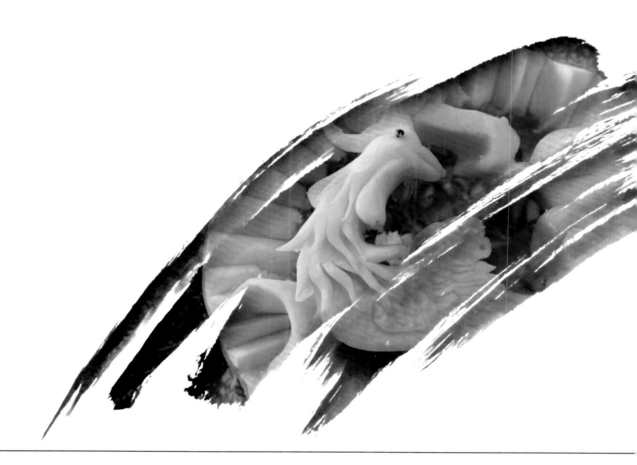

CARVING
식 품 조 각 지 도 사

발 행 일	2014년 2월 24일 초판 인쇄 2014년 3월 3일 초판 발행
지 은 이	정우석
발 행 인	김홍용
펴 낸 곳	도서출판 효일
디 자 인	에스디엠
주 소	서울시 동대문구 용두동 102-201
전 화	02) 460-9339
팩 스	02) 460-9340
홈페이지	www.hyoilbooks.com
E m a i l	hyoilbooks@hyoilbooks.com
등 록	1987년 11월 18일 제6-0045호
I S B N	978-89-8489-367-2

값 20,000원